축제평가체계

다면평가시스템의 도입

축제평가체계

다면평가시스템의 도입

강 해 상 著

한국학술정보[주]

서 문

축제는 1995년 지방자치제 실시 이후 계속 증가 추세에 있으며, 양적으로 질적으로 빠르게 성장하고 있다. 정부에서도 '선택과 집중'의 정책으로 관광상품성이 높은 축제를 지원하고 있으며, 지원을 위한 평가제도를 실시하고 있다.

그러나 축제에 대한 평가는 보상을 위한 평가보다는 개선을 위한 평가가 궁극적으로 바람직하며, 축제 주최자들이 축제의 목표를 설정할 때 준거가 될 수 있는 평가체계의 필요성이 제기되고 있다.

본서는 축제의 평가를 학문적인 관점에서 연구하고자 하였으며, 축제평가체계에 관한 학문적인 접근을 통하여 평가체계의 구성요소를 분석하고 구성요소에 따르는 합리적이고 객관적인 축제평가체계의 방안을 제시하고자 하였다.

이를 위하여 평가체계에 관한 이론적인 연구와 실증적인 연구를 병행하였다. 이론연구는 축제평가체계의 구성요소인 평가 주체, 평가방법, 평가시기, 평가항목과 기준에 관련된 선행연구를 고찰하였다.

이론연구를 기초로 다면평가시스템(Multi-face evaluation system)을 도입하여 평가체계에 관한 예측모형을 구성하여 실증적인 연구의 기초로 삼았다.

실증연구는 이론적인 연구를 기초로 하여 평가 주체, 평가방법, 평가시기, 평가항목과 기준에 관한 평가체계의 구성요소를 가지고 델파이 전문가 조사와 축제의 이해 관련 집단(stakeholders)에 대하여 설문조사를 실시하였다.

델파이 조사(Delphi study)와 델파이 조사를 위한 예비조사는 축제와 관련된 전문가들을 대상으로 하였으며, 각 집단별 설문조사는 직접 축제장에서 축제에 참가하고 나오는 방문객과 지역주민, 그리고 축제를 주관하고 있는 주최자를 대상으로 실시하였다.

델파이 조사 분석결과, 축제평가체계에는 평가 주체, 평가방법, 평가시기, 평가항목과 기준 등이 주된 구성요소로 나타났다.

평가 주체는 방문객, 외부 전문가, 지역주민, 주최자 등 네 집단이 평가 주체로 나타났으며, 평가 주체의 적합성은 방문객, 외부 전문가, 지역주민, 주최자 순으로 나타났다. 특히 주최자의 적합성은 다른 집단에 비해 차이를 보이고 있어 외부 전문가, 방문객, 지역주민이 주된 평가 주체 집단이 되어야 하며, 주최자는 보완적인 역할을 하는 평가 주체 집단이 되어야 할 것으로 보인다.

평가방법은 설문조사, 참여관찰, 데이터 조사, 경제적 영향평가, 심층면접 등의 평가방법이 나타났으며, 추출된 평가방법의 적합성은 설문조사와 참여관찰의 방법이 높게 나타났다. 따라서 축제평가의 방법은 설문조사와 참여관찰을 위주로 하며 데이터 조사, 경제적 영향평가, 심층면접 등이 보완적인 평가방법으로 사용되어야 할 것으로 보인다.

평가시기에는 사전평가, 실행평가, 사후평가가 있으며, 적합성에 대한 조사결과 사전평가는 매우 낮은 수치를 보여 축제의 평가시기는 실행평가와 사후평가가 적합한 것으로 나타났다.

평가항목과 기준에는 주제 관련 프로그램, 종합불편 신고센터, 행사장까지의 교통수단, 전년도 평가문제점 개선 등 총 71개 평가 항목이 추출되었으며, 항목에 따른 기준은 관련 프로그램의 유무, 만족에 관한 부분은 5점 척도, 기타 비수기 개최 여부, 보험가입 여부 등으로 나타났다.

평가 주체 집단별 평가항목에 따른 중요도의 분석에서 방문객이나 지역주민 등의 참가자는 쓰레기 처리나 화장실시설, 식당매장 내의 청결 등 공통적으로 행사장의 청결 부분을 중요하게 생각하고 있는 것으로 나타나고 있다.

또한 방문객은 숙박시설의 청결이나 개최지역까지 교통수단, 개최지역 내의 교통수단 등의 항목을 중요하게 생각하는 반면에, 지역주민은 지역이미지 제고, 지역특산물, 지역문화의 향상 등의 항목을 중요하게 생각하고 있어 축제평가에 대한 서로 다른 시각의 차이를 보이고 있다.

프로그램요인에 있어서도 방문객, 지역주민, 세 집단 모두 참가자의 호응이 중요하다고 보고 있어 주최자의 관점이 아닌 참가자의 관점에서 프로그램의 예술성이나 완성도보다는 참가자의 호응이 중요함을 나타내고 있다.

이와 같이 축제에 관련된 이해 관련 집단의 축제평가항목을 보는 시각은 유의한 차이를 보이고 있다. 따라서 외부 전문가나 주최자에 의한 일면적인 시각의 축제평가는 바람직하지 않다고 볼 수 있으며, 외부 전문가, 방문객, 지역주민, 주최자의 평가가 종합된 다면평가의 필요성이 제기된다고 할 수 있다.

특히 방문객, 외부 전문가, 지역주민은 참가자의 호응이 매우 중요하다고 보고 있는데 주최자의 평가항목은 지역특산물이나 매우 중요한 항목으로 나온 것은 시사하는 바가 크다고 할 수 있다.

축제는 방문객, 지역주민이 함께 어우러지는 공간이며, 방문객과 지역주민의 교류와 화합의 장이 되어야 한다. 방문객을 특산물과 연계시키려는 노력도 중요하지만 방문객은 프로그램 평가항목이나 청결, 종업원의 친절을 더 중요하게 생각한다는 것을 인식할 필요가 있다.

본서는 우리나라의 문화관광축제를 기준으로 중소형축제를 포함하여 축제평가의 범위를 제한하였다. 하지만 축제의 형태와 규모가 소규모 축제부터 전시박람회 형태의 대규모 축제까지 다양하게 나타나기 때문에 문화관광축제가 대표하기에는 어려움이 있다. 향후 내용과 규모에 따라 세분화된 연구의 진전을 기대한다.

2006. 11
저자 강해상

목 차

표차례

그림차례

제1장 서 론

제1절 문제제기와 연구목적

1. 문제의 제기

축제는 일반적으로 이벤트의 유형으로 분류되어 개최지의 관광 매력물, 지역의 이미지 제고, 사회기반시설 확충 및 지역경제의 활성화 등 다양한 역할을 하고 있다. 우리나라에서도 1995년 지방자치제 실시 이후 각 지방자치단체에서 경쟁적으로 축제를 개발하여 실시하고 있으며, 이를 통해 개최지의 관광이미지 제고, 지역주민의 화합 및 지역의 정체성을 확립하는 수단으로 활용하고 있다.[1]

축제의 개최는 2000년 이후 더욱 증가하여 전국적으로 1,000여 개의 축제가 개최되고 있으며 정부에서도 1997년 이후 관광상품성이 높은 축제를 문화관광축제로 선정하여 육성, 지원하고 있다.

이와 관련하여 Frisby & Getz(1997)는 관광기구 및 정부는 모든 축제를 관광매력물로 만들기 위해 노력할 필요가 없으며, 높은 수준의 운영체제와 상품가치를 가진 축제에 한정하여 집중적으로 지원해야 한다고 하였다.[2]

---

1) 이경모·강해상, 지역축제사례에 관한 비교연구, 관광경영학연구. 7(1), 2003: 130.
2) Frisby, W. & Getz, D., Festival Management: A case of Study

18

이렇게 각 지방자치단체에서 문화관광축제의 개발에 전력을 다하고 있고 문화관광부에서도 '선택과 집중'의 정책으로 발전가능성이 있는 축제만 집중적으로 지원하려고 하는 시점에서 축제가 성공적으로 이루어져 지역발전에 기여하기 위해서는 축제 개최의 매너리즘으로부터의 탈피가 시급하다.

현재 우리나라의 상당수의 축제들은 축제 자체의 행사개최에 급급하여 재정적으로나 프로그램 및 내용에 있어서 매너리즘에 빠지고 있다는 비판을 받고 있다.[3] 따라서 축제의 프로그램이나 재정 등 축제 전반에 관한 올바른 평가와 평가를 통한 축제의 개선에 대한 체계적인 연구의 필요성이 제기되고 있다.

특히 중앙정부로부터 예산을 지원받는 축제의 주최자는 축제예산의 운용에 관한 책임소재가 분명해야 하기 때문에 지속적인 재정지원으로부터 유발되는 효과를 보여줄 수 있는 신뢰성 있는 평가방법을 요구받게 된다.[4]

현재 정부의 축제평가체계는 도시형, 특산물형, 지역문화활용형 등 지역축제의 유형별 특성에 따라 접근성, 숙박시설, 행사규모, 방문자수, 체재기간 등에 차이가 있음에도 불구하고 동일한 조건에서 획일적인 평가를 실시하여 우열을 가린다는 점에서 문제의 소지가 있으며, 특히 외국인 수용태세나 연계관광 등은 지역마다 현저한 차이를 보여 객관성이 적은 지표임에도 불구하고 축제의 관광 측

Perspectives, *Journal of Travel Research*, Summer, 1989: 7-11.
3) 장순희, 지역활성화를 위한 지역축제의 발전방향: 21세기 지방재정의 과제와 비전, 자주재원의 확충과 지역발전요인의 탐색, 한국행정학회·강원행정학회 2001년도 학술발표논문집, 2001: 115-116.
4) Mossberg, L. L., *Evaluation of Event: Scandinavian Experience*, Cognizant Communication Corporation, 2000: 6.

면의 효과를 지나치게 강조하고 있는 점도 비판의 여지가 있는 것
으로 나타나고 있다.[5]

또한 축제의 기본적인 목표설정에 관한 평가의 비중이 낮은 것
도 문제점으로 나타나고 있고 평가를 통한 축제의 개선을 위한 평
가보다는 지원하고 육성하기 위한 보상을 위한 평가라는 차원에서
지방자치단체 간의 과당 경쟁의 문제가 제기되고 있다.

지방자치단체에서도 전문적인 외부 용역평가시스템을 운영하지
않거나 동일한 주체에 의해 반복적으로 형식적인 평가가 이루어지
고 있어 평가의 관성화 내지 형식화의 문제도 제기될 수 있다.[6]
또한 외부에 평가를 의뢰하는 경우에도 특별한 기준이 없이 지역
의 경제적인 효과를 위주로 평가하여 홍보적인 측면을 강조하고
있다.

잠재적인 축제의 성장과 발전을 위해서는 이전에 실행했던 축제
의 정확한 평가 자료를 기준으로 차기의 축제를 기획하여야 한다.
이전에 실행했던 축제의 정확한 평가 자료가 없이 차기의 축제를
기획하는 경우, 이전에 축제의 평가에서 나타난 문제가 반복되는
오류를 범할 수 있다.

위와 같은 관점에서 기존의 축제평가체계는 몇 가지 문제점들을
내포하고 있다.

첫째, 참가자의 만족에 관한 평가의 문제이다. 축제의 평가를 외
부 전문가나 지역의 전문가에게 위탁하여 실시하다 보니 상대적으

---

5) 김선기, 향토자산 활용 지역축제의 마케팅 전략, 한국지방행정연구원,
   2003: 158-159.
6) 문화개혁을 위한 시민연대 축제모니터링단, 2003 축제평가보고서, 2003:
   584.

로 지역주민이나 방문객의 평가내용이나 의견이 반영되지 않거나 축소되어 반영되는 경우가 있다.

어떤 내용이나 주제와 상관없이 축제를 준비하고 개최하는 축제의 주최자들은 참가자 위주로 마케팅의 관점을 가지고 있어야 하며, 축제에 참여하는 위락추구형의 참가자에 대한 특성과 행동, 정보원천, 사회적 또는 경제적, 인구통계학적 특성에 대한 이해가 있어야 좀더 구체화된 기획을 할 수 있다.[7]

특히 축제평가에 있어 중요한 것은 방문객의 입장에서 평가를 하는 것으로서 방문객이 느끼는 축제의 강점과 약점이 무엇인지를 파악하는 것에서부터 축제의 성장을 위한 프로그램의 변화가 시작된다고 할 수 있다.[8]

마케팅의 관점에서 축제를 보면, 마케팅의 궁극적인 목적이 고객의 만족이라고 했을 때, 축제의 궁극적인 목적은 참가자의 만족이라고 볼 수 있다. 외부 방문객이든 지역주민이든 참가자가 만족했을 때, 축제의 궁극적인 목적이 달성된다고 볼 수 있을 것이다. 하지만 그동안의 축제평가에서는 참가자의 만족에 대한 체계적인 기준이 설정되지 않았고 지역주민을 제외한 외부 방문객의 만족에 관한 일부분의 평가만을 포함하였던 것이 사실이다.

둘째, 축제 주최자들이 기준으로 삼을 평가체계의 부족이다. 현재 축제는 전국적으로 1,000여 개 넘게 개최되고 있지만 축제 주최

7) Yoon et. al., A Profile of Michigan's Festival and Special Event Tourism Market, *Event Management*, Vol.6, 2000: 34.
8) Wicks, B. E. & Fesenmaier, D. R. A Comparison of Visitor & Vendor Perceptions of Service Quality at a Special Event, *Festival Management & Event Tourism*, Vol.1(1), 1993: 19-26.

자들이 축제의 목표를 설정할 때 기준이 될 수 있는 축제의 평가
체계는 매우 부족한 실정이다.

　어떠한 축제이든 축제 주최자가 축제를 기획하는 데에 있어 평
가는 가장 기초적인 자료를 제공한다. 앞선 프로그램과 체계적인
평가에 의한 평가 자료에 따라 축제의 운영자들이 목표를 설정하
게 된다.9) 특히 무한한 성장가능성을 지닌 우리나라의 중·소형축
제가 축제의 목표를 설정함에 있어 준거가 될 만한 축제평가체계
의 개발이 요구되고 있다.

　문화관광부, 문화개혁을 위한 시민연대, 문화예술진흥원, 각 지방
자치단체들도 축제평가를 실시하고 있고 축제평가에 대한 모형개
발을 시도하고 있으나 각각의 평가항목과 기준이 달라 일관성 있
는 축제평가체계의 개발이 필요하다.

　셋째, 다면적인 측면의 축제평가체계의 부족이다.

　축제의 평가는 다각적인 시각에서 수행되어야 하고 기존의 평가
에서 주로 행해지는 수익금의 액수와 방문객의 수로만 평가기준을
한정시키는 것을 탈피하여야 한다. 방문객의 지출액, 수익의 혜택
자, 지역주민 및 방문객의 참여도, 지역주민에게 환원되는 비율, 방
문객들의 재방문비율 및 만족도, 축제 후 지역주민의 반응과 태도,
관광기념품의 판매도, 불만의 원인 등 총체적인 면에서 평가가 진
행되어야 함에도 불구하고,10) 현재 각종 축제평가체계는 다각적인

---

9) Anderson, F. E., Evaluating the Very Special Arts Festival
　　Programs Nationwide: An Attempt at Combining Subjective and
　　Quantitative Approaches, *Evaluation and Program Planning*, Vol.14,
　　1991: 100.
10) 김철원·이석호, 문화관광축제육성방안, 한국관광연구원, 2001: 53-54.

면에서의 평가항목을 포함하지 않고 있다.

축제에 대한 평가는 축제 유형의 다양성과 축제의 중층적이고 복합적인 성격을 고려해 볼 때, 어느 한 시각으로 일반화하기에는 어려움이 있다. 다양한 각도에서 평가를 하여야 하며, 지속적인 상호소통의 과정을 수렴해나가는 일련의 흐름 속에서만 축제의 본질적 문제점에 대한 명확한 분석과 구체적인 대안제시가 가능하다.[11]

그동안 축제를 평가하는 데 있어서 참가자의 동기나 체험, 서비스지각 및 만족을 평가하는 것도 중요하지만 그 축제를 기획하고 관리하는 주최자의 평가는 거의 없었다는 사실에 주목할 필요가 있다. 주최자와 참가자의 축제 참여 동기는 출발선에서 전혀 다르며 주최자와 참가자 간 평가 차이의 지표는 제공하는 서비스의 도달수준을 의미할 수 있다.[12]

특히 가장 정확한 데이터의 접근이 가능하면서 평가를 통한 개선의 효과가 가장 높은 주최자의 평가와 참가자이면서 주최자의 역할을 하는 양면성을 가지고 있는 지역주민에 의한 평가는 그동안 각 축제의 종합적인 평가체계에서 제외되었던 것이 사실이다.

넷째, 평가항목의 합리성에 관한 문제이다.

축제의 유형에 따라 도시형, 특산물형, 지역문화 활용형 축제 등에서 차이가 있음에도 불구하고 동일한 조건하에 일률적인 변수들을 이용하여 축제의 우열을 정하는 것은 문제가 있다. 따라서 각각

---

11) 류문수, 2002 지역축제에 대한 개괄적 평가, 2002 지역축제 평가 및 활성화방안 토론회 자료집, 2002: 22.
12) 고동우, 축제평가에 대한 공급자와 소비자의 관점 비교: '98년 및 '01년 제주 세계섬문화축제의 사례, 한국관광학회 제54차 국제학술논문대회 발표자료집, 2003: 501.

의 축제의 특성에 따라 합리적인 항목을 개발하고 적당한 항목을 선택하여 평가를 적용하는 방법에 대한 연구가 필요하다.13)

앞서 제기한 문제점들을 종합하면 성장하고 발전하고 있는 우리나라의 축제에 대한 일면적인 시각에서의 축제평가의 문제와 그리고 축제 주최자들이 준거로 삼은 평가체계의 필요와 각각 축제의 특성을 고려한 평가항목에 대한 연구의 필요성이 제기된다.

강릉단오제

2. 연구의 목적

사회과학의 연구대상인 사회현상은 자연과학과는 달리 인간의 의지에 따라 형성되고 좌우된다. 또한 매우 가변적이고 다양하며

---

13) 배만규, 지역축제 개최결과의 표준평가속성 개발, 관광연구 17(1), 2002: 185.

특수하여 일반화하기가 용이하지 않다.[14) 따라서 사회과학에서 학문의 성격상 모든 조건에 적합한 이론을 찾는다는 것은 매우 어려운 문제이다.

그러나 탄탄한 이론적 배경과 잘 설계된 실증조사는 이론의 설명력을 높일 수 있다.

이것은 정확한 문제의식에서 출발하며, 그 학문의 세부 영역에서의 축적된 연구가 얼마나 있는지가 최대 관건이다.

그동안 축제평가에 관한 연구는 있었으나 학문적 접근보다는 실용적인 운용을 위한 수탁과제의 형태로 연구가 주로 이루어져 왔다.

외국의 경우에도 경제적인 영향이나 사회문화적인 효과에 대한 평가가 주류를 이루고 있으며, 평가항목을 위주로 평가에 대한 연구가 이루어져 왔다. 따라서 축제평가체계에 대한 학문적인 접근을 통하여 평가체계의 구성요소를 분석하고, 각각의 구성요소에 따르는 적합한 대안을 구성하여 평가체계에 대한 기본적인 틀을 제시하고자 하는 데에 연구의 목적이 있다.

축제의 평가항목은 축제의 목표와 궁극적으로 일치하는 것이 바람직하며, 축제가 추구하는 방향과 축제의 평가항목이 일정한 부분에서 일치할 때에 문제점의 개선을 통하여 성장하고 발전하는 축제가 될 수 있다.

축제의 주최자들이 축제의 목표를 설정할 때에 준거가 될 수 있는 평가항목과 지표를 도출하기 위하여 전문가와 각 이해 관련 집단(stakeholders)의 조사를 통하여 객관성과 타당성을 확보한 평가체계를 구성하며, 다양하게 변화하고 있는 참가자의 욕구를 고려하

---

14) 이봉석 외, 관광학 연구방법, 대왕사, 2001 : 49.

여 축제의 주제와 특성에 맞는 평가항목을 추출하고 각각의 평가
항목에 맞는 객관적인 기준을 적용하여 합리적이고 객관적인 축제
평가체계를 제시한다.

　본 연구의 목적을 달성하기 위한 구체적인 목표는 다음과 같다.

　첫째, 축제평가체계에 관한 이론연구를 실시하여 분석의 준거로
삼는다.

　둘째, 평가항목의 객관성과 합리성을 유지하기 위하여 평가항목
을 각 집단별로 구분하고, 전문가와 축제 이해 관련자들을 대상으
로 실증분석을 실시한다.

　셋째, 조사분석의 결과로 축제평가체계에 필요한 구성요소 이를
근거로 하여 실증적인 축제의 평가체계를 제시한다.

제2절 연구범위와 연구방법

1. 연구의 범위

연구목적의 달성을 위해 연구의 범위를 공간적인 범위, 시간적인 범위, 내용적인 범위로 구분하였다. 먼저 연구의 공간적 범위는 우리나라에서 개최되는 축제를 기준으로 하였으며, 축제의 범위를 문화관광축제(hallmark event)와 문화관광축제를 목표로 준비하고 있는 중소형축제(regional event)를 포함하여 연구의 범위를 제한하였다. 세부적인 범위로서 참가자집단의 조사는 강원도 평창의 축제인 효석문화제, 전북 무주의 축제인 무주반딧불축제와 충남 금산의 인삼축제를 기준으로 하였다.

전문가집단의 조사는 전국의 축제담당공무원, 문화관광부 축제담당자, 각 지방자치단체의 축제조직위원회 담당자, 축제·이벤트 관련 대학교수, 시민단체 축제평가단, 축제·이벤트 관련 매체관계자, 축제와 관련된 박사급 이상의 연구원들을 대상으로 하였다.

시간적 범위는 우리나라 축제의 발전단계에서 성장기에 있는 2000년 이후로 하였으며, 특히 평가체계개발이 시급히 요구되고 있는 2004년을 분석의 기준연도로 하였다. 축제의 평가항목이나 기준은 시대에 따라 내용이 조금씩 변화하기 때문에 항목이나 기준에 관한 내용은 2000년 이후부터 2004년까지의 개최된 축제를 기준으로 정하였다.

본 연구의 내용적 범위는 전체를 6장으로 구성하였으며, 제1장은 문제제기와 연구목적, 연구범위와 연구방법, 연구의 계획과 연구한계 등을 기술하였다.

제2장은 연구의 이론적 배경으로서 축제의 개념과 분류, 축제의 기능과 특성, 축제의 효과, 평가의 개념과 분류, 축제의 평가방법과 평가항목, 축제평가의 틀과 범위, 축제평가체계의 구성으로 다면적인 평가기법과 델파이 기법, 그리고 선행연구에 대하여 기술하였다.

제3장은 조사설계와 분석방법으로 조사목적, 조사대상, 조사기간과 조사방법 등을 기술하였고 연구모형, 연구의 흐름, 설문지 개발절차, 설문지의 구성, 자료수집과 분석방법에 대하여 기술하였다.

제4장은 실증분석결과에 관한 내용으로 전문가 예비조사결과, 델파이 각 라운드에 대한 결과, 각 집단별 설문조사의 결과를 기술하였다.

제5장은 축제평가체계에 관한 내용으로 분석결과를 토대로 종합적인 축제평가체계를 구성하였으며 각 집단별 축제평가항목과 기준을 제시하였다.

제6장은 결론으로 연구결과의 요약과 본 연구에서 보완해야 할 점 및 후속연구의 방향을 제시하였다.

2. 연구의 방법

본 연구의 목적을 달성하기 위하여 문헌조사(documentary study)와 실증조사(empirical study) 방법을 병행하였다. 첫째, 문헌연구를 위해서 국내외 서적, 논문, 기타 간행물 및 통계자료를 사용하여 축제평가체계에 관한 이론적인 토대를 마련하였다. 이를 위해 축제의 개념과 분류, 축제평가의 개념과 분류, 축제평가의 항목과 기준, 축제평가의 시기, 축제평가의 방법 등 축제평가체계에 대한 이론적인 내용을 정리하였다.

둘째, 문헌적 연구방법에 의하여 도출된 축제평가항목과 기준을 토대로 수행된 실증적 연구에서는 축제와 관련된 전문가들의 면접을 통하여 실제적인 축제의 평가항목과 평가 주체에 대한 예비조사를 실시하였다.

예비조사의 결과를 토대로 델파이 조사기법을 사용하였으며, 축제와 관련된 전문가들로 구성된 델파이 응답집단을 구성하여 3라운드에 걸쳐 조사를 실시하였다. 1라운드는 평가체계의 구성요소와 구성요소 중 평가항목, 평가 주체에 대한 포괄적인 조사를 실시하였으며, 1라운드의 응답자들을 중심으로 2라운드를 실시하여 내용적인 범위를 좁혔으며, 2라운드의 응답자들을 대상으로 마지막 3라운드를 실시하였다.

각 집단별 설문조사는 방문객과 지역주민, 주최자를 대상으로 하였다. 주최자는 현재 축제업무를 담당하고 있는 공무원과 축제 조직위원회 실무자, 축제 재단법인 관계자를 대상으로 하였으며 방문객은 축제에 참가하고 나오는 타 지역의 방문객을 대상으로 하였고 지역주민은 축제를 개최하고 있는 해당 지역에 거주하고 있는 거주민으로 축제에 참가경험이 있는 지역주민을 대상으로 하였다.

설문의 분석방법은 먼저 설문대상자의 일반적인 특성을 알기 위해 평균값, 누적비율 등의 기술통계량을 이용한 빈도분석을 실시하였으며, 평가항목의 요인화를 위한 요인분석을 실시하였다.

3. 델파이 기법이란?

델파이 기법은 예측하려는 문제에 관하여 전문가의 견해를 유도하고 종합하여 집단적 판단으로 정리하는 일련의 절차로서, 미래에 대한 한 분야를 통찰할 수 있는 전문가들로 구성된 전문가집단을 대상으로 전문적 견해를 체계적으로 도출하여 이를 통계적으로 분석함으로써 미래에 대한 가상적 상태를 현재화하여 결론에 도달하는 방법이다.

델파이 절차는 일반적으로 여론조사 방법과 협의회 방법의 장점을 결합시킨 방법으로 델파이 패널(Delphi panel)이라고 하는 델파이 토론 참여자는 델파이 절차가 반복되는 동안에 피드백(feedback)된 전회의 통계적 집단반응과 소수 의견보고서를 참고하여 다음 회에 자기판단을 수정 보완할 수 있는 기회를 갖는다는 점이 일반 조사절차와 다른 점이다.

제3절 연구계획과 연구한계

1. 연구의 계획

축제에 관련된 문헌연구를 통하여 축제에 관련된 이론과 축제평가에 관련된 이론을 고찰한다. 또한 축제평가에 있어 평가 주체, 평가방법, 평가시기, 평가항목과 기준을 파악하여 평가체계에 관한 실증분석을 위한 이론의 틀을 마련한다.

평가체계의 구성과 평가항목을 추출하기 위한 전문가 예비조사를 실시하여 델파이 조사를 위한 기초 자료를 구성한다. 추출된 전문가 예비조사 항목을 기준으로 델파이 응답집단을 구성하여 평가 주체, 평가방법, 평가시기, 평가항목에 대한 델파이 1라운드 조사를 실시한다.

델파이 1라운드의 결과를 토대로 평가방법과 평기시기, 평가항목에 대한 델파이 2라운드를 실시한다. 또한 평가 주체에 있어서의 다면평가시스템에 대한 적용의 필요성과 타당성에 대하여 조사를 실시한다.

델파이 조사에서 나온 결과를 토대로 평가항목에 대한 각 집단별 평가항목을 설정하여 다면평가시스템에 의해 방문객, 지역주민, 주최자 등 축제 이해 관련 집단(stakeholders)에게 각각 설문조사를 실시하여 평가항목에 대한 2차 검증절차를 거친다. 집단별 설문조사를 통하여 나온 결과를 가지고 항목별 요인분석을 실시하고 유사한 항목을 묶어 계열화한다.

델파이 3라운드를 통하여 평가 주체, 평가시기, 평가방법에 대한 적합성에 대한 전문가의 의견을 종합한다. 또한 도출된 항목에 대한 기준을 설정하고 설정된 기준을 중요도에 따라 전문가의 의견을 근거로 가중치를 부여한다.

평가 주체, 평가방법, 평가시기, 평가항목과 기준에 관한 전문가의 의견을 종합적으로 정리하여 최종적인 평가체계를 구성한다.

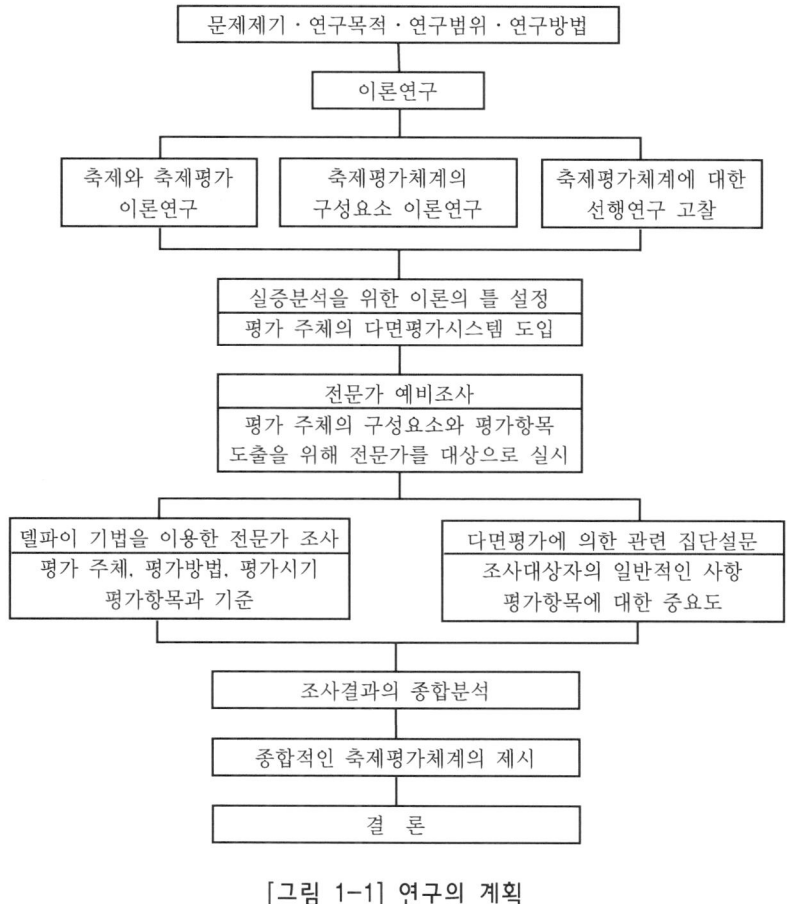

문제제기 · 연구목적 · 연구범위 · 연구방법

이론연구

축제와 축제평가
이론연구

축제평가체계의
구성요소 이론연구

축제평가체계에 대한
선행연구 고찰

실증분석을 위한 이론의 틀 설정
평가 주체의 다면평가시스템 도입

전문가 예비조사
평가 주체의 구성요소와 평가항목
도출을 위해 전문가를 대상으로 실시

델파이 기법을 이용한 전문가 조사
평가 주체, 평가방법, 평가시기
평가항목과 기준

다면평가에 의한 관련 집단설문
조사대상자의 일반적인 사항
평가항목에 대한 중요도

조사결과의 종합분석

종합적인 축제평가체계의 제시

결 론

[그림 1-1] 연구의 계획

2. 연구의 한계

본 연구는 축제평가체계의 구성요소를 파악하고 각 구성요소에 적합한 대안의 제시를 위해 연구의 범위를 우리나라의 문화관광축제로 제한하였다. 그러나 우리나라의 문화관광축제로 지정된 축제

는 25개 정도이며, 문화관광축제가 반드시 우리나라의 축제를 대표
한다고 보기에는 한계가 있다.

또한 문화관광축제의 경우에도 주제와 지역에 따라 축제의 규모
나 내용의 차이가 있기 마련이다. 규모에 따른 상대적인 불합리성
이나 공항이나 항만 또는 대도시 인접의 접근성 등 상대적인 평가
기준의 문제가 있는 평가항목에 대한 부분은 전문가의 의견을 토
대로 최대한 지역적인, 내용적인 차이를 고려하였으나 일부 항목은
합리성 부분에 이견이 있을 수 있다.

평가항목에 따르는 평가기준에 있어서도 계량적인 부분과 비계
량적인 부분으로 나눌 수 있고, 평가체계의 객관성을 위하여 평가
항목을 최대한 계량화하려 했으나 질적인 평가항목의 계량화는 한
계가 있으며, 평가항목의 내용이 질적인 내용과 계량적인 내용을
모두 포함하는 경우는 두 가지를 모두 사용하는 방법을 채택하였
다. 향후 평가항목의 질적 항목과 계량적인 항목에 따르는 측정에
관한 후속적인 연구를 필요로 한다.

또한 다면평가시스템에 의하여 실시한 집단별 조사에 대한 설문
대상에 있어 지역주민과 방문객에 대한 평가를 무주반딧불축제, 금
산인삼제, 평창효석문화제 등 3개 축제에 참여하는 참가자를 대상
으로 하였기 때문에 우리나라 축제의 참가자를 대표한다고 보기에
는 어려움이 있다.

그리고 최종적인 축제평가체계에 관한 방법론적인 접근 외에 구
체적인 모형을 제시하는 것이 바람직하나 좀더 포괄적이고 종합적
인 조사와 연구를 필요함으로 향후의 연구과제로 남기며 이 부분
또한 본 연구의 한계라고 할 수 있다.

제4절 용어의 정의

● **축제(祝祭)**

주로 종교적인 배경에서 주로 이해되고 있으며, 개인 또는 공동체에 특별한 의미가 있거나 시기를 기념하여 의식을 행하는 행위.

● **평가(評價)**

평가의 사전적인 의미는 어떤 대상의 가치나 수준을 평가하는 것으로서 측정(measurement), 검사(test) 등의 용어와 유사하게 쓰인다. 목표가 달성된 정도에 대한 측정으로 규정하기도 하며, 가치를 배분하고 사업이나 활동의 가치를 결정하는 과정이다.

● **평가체계(評價體系)**

체계란 낱낱이 다른 것을 계통을 세워 통일한 전체를 의미하며, 각각의 구성요소가 유기적으로 연계된 일정한 틀을 나타낸다. 평가체계는 평가와 관련된 평가 주체와 객체, 평가방법, 평가시기, 평가항목, 평가기준, 평가목적과 목표 등으로 구성되어 있다.

● **평가 주체(評價主體)**

주체는 객체에 대하여 어떠한 행위나 작용을 끼치는 것으로써 평가 주체는 평가를 실행하는 평가자를 의미한다. 상대적인 개념은 평가대상, 평가 객체, 피평가자를 들 수가 있으며, 평가에 있어 중요한 의미를 가지고 있다.

34

- **평가기준(評價基準)**

기준은 지표와 유사한 개념으로 어떤 사상의 속성이나 상황을 가장 잘 나타내는 척도(measure of scale)를 말하며 평가기준은 평가를 위한 기준을 의미한다.

- **참가자(participant)**

특정한 모임이나 행사에 참가하는 사람을 의미하며, 축제의 참가자는 외부 방문객(visitor)과 지역주민(resident)으로 나눌 수 있다. 방문객은 해당 개최지역이 아닌 다른 지역에서 축제장을 방문한 사람을 가리키며, 지역주민은 축제를 개최하는 해당 지역에 거주하는 주민을 가리킨다.

- **주최자(organizer)**

특정한 모임이나 행사를 주장하여 개최하는 단체나 개인을 의미하며, 실무를 운영하는 주관단체를 포함한다. 축제에 있어서 주최자는 지방자치단체의 장이 될 수도 있고 축제조직위원회, 축제재단법인, 지역의 문화예술단체가 될 수도 있다.

- **축제의 이해 관련 집단(stakeholders)**

축제의 이해 관련 집단(stakeholders)은 축제의 성공적인 개최를 위한 관심을 갖고 있거나 투자를 한 기관이나 단체, 개인을 가리킨다. 스태프(staff)와 자원봉사자, 투자자와 후원자, 행정기관과 시설관리자, 지역주민, 참가자, 기타 관련자들을 포함한다.[15]

---

15) Douglas et. al., *Special Interest Tourism*, John Wiley & Sons Australia, 2001 : 370-371.

제2장 이론적 배경

제1절 축제의 이론

1. 축제의 개념

축제의 사전적인 의미는 '축하하여 제사지냄', '경축하여 벌이는 큰 잔치나 행사'로 전통적인 의미의 제의와 현대적인 의미의 행사의 개념이 포함되어 있다.

또한 축제는 주로 종교적인 배경에서 이해되고 있으며, 개인 또는 공동체에 특별한 의미가 있거나 시기를 기념하여 의식을 행하는 행위라고 정의할 수 있다.[16]

Goldblatt(2001)는 이벤트 용어사전에서 축제를 다양한 활동을 통해서 참가자와 관람객에게 특별한 의미를 전달하는 공공의 의식이라 하였다.[17]

축제를 나타내는 일반적인 단어인 'festival'의 어원이 되는 'fest', 'festus, ferier' 등의 단어와 이탈리아어인 'carnival'의 의미를 살펴보면 축제는 일상에서 벗어나 종교적인 의식에 들어간다는 의미가 내포되어 있어 축제는 종교와 의식을 포함하는 개념을 가지고 있다.[18]

---

16) 이경모, 이벤트학원론, 백산출판사, 2003: 333.
17) Goldblatt, *The International Dictionary of Event Management*, Second Edition, Wiley, 2001: 78.
18) 울리히 쿤 하인, 심희섭 역, 유럽의 축제, 컬처라인, 2001: 3.

한국문화정책개발원(1994)은 '축제는 농업, 종교, 사회, 문화의 어떤 사건이나 절기를 기념하여 그것을 의례적으로 축하하는 어느 날이나 기간을 말하기도 한다. 따라서 축제에는 특별한 의례와 관련하여 먹고 마시는 공동체의 성스러운 식사가 포함된다'고 하였다.[19]

한국관광공사(1990)는 '축제는 일종의 행사로서 사람들이 누리는 모든 문화에서 발견되는 사회적 현상이고, 주제가 있는 기념행사로 특별한 주제를 기념하거나 표현하는 것을 목적으로 하며, 시작하는 날과 끝나는 날이 미리 예정되어 있고, 행사의 모든 활동이 주로 같은 지역과 장소에서 진행되며, 일년에 한 번 또는 정기적으로 열리는 특별함이 있다'라고 하였다.[20]

일본 이벤트산업진흥협회(日本イベント産業振興協會, 1999)는 이벤트백서 발간을 위한 통계기준치 설정을 위한 축제의 개념으로써 '지방자치단체·공공단체가 계획하는 복합형 이벤트로 대규모 박람회에 포함되지 않는 지방의 소형 박람회, 축제·퍼레이드, 경관 등에 관련되어 개최되는 이벤트'로 범위를 규정하고 있다.[21]

자료: maskdance.com

---

19) 한국문화정책개발원, 향토축제 활성화를 위한 모형개발 연구, 1994: 25-26.
20) 한국관광공사, 국내 민속축제 관광상품화방안, 1990: 11.
21) 일본이벤트산업진흥협회(日本イベント産業振興協會), イベント白書99, (社)日本イベント産業振興協會, 1999: 5.

Falassi(1987)는 축제를 인류문화에서 실제로 마주칠 수 있는 하나의 이벤트이며 사회현상으로 정의하면서 축제의 내용을 다섯 가지로 요약하였다.

첫째, 특별한 준수사항으로 특정지어지는 신성하거나 세속적인 의식의 시간, 둘째, 중요한 인물이나 사건, 중요한 생산물의 수확을 기념하는 연례이벤트, 셋째, 예술 분야의 일련의 공연작업으로 구성된 문화이벤트, 넷째, 박람회. 다섯째, 일반적인 야단법석(gaiety), 연회(conviviality), 환호(cheerfulness) 등으로 구분하였으며 사회적, 문화적 측면을 강조하였다.[22]

Douglas et. al.(2001)은 정해진 기간에 공공의 주제를 가지고 준비되어 지역민의 삶을 나타내는 가치 있는 의식이라 하였으며,[23] 김창수(1999)는 지역의 역사적 상관성 속에 지역적 전통의례가 생성·전승된 전통적인 문화유산을 축제화한 것으로써 지역주민과 관광객이 함께 축제의 일원으로 주체적으로 참가하는 전통이 있고 개성이 있는 제의적 놀이마당의 성격을 띤 지역문화행위를 주제로 한 이벤트라 하였다.[24]

Chock & Schoower(1993)는 축제는 전통적으로 종교적인 제의를 의미하였지만 이후에 음주가무 등의 유희성이 결합된 형태를 띠게 되며, 지역의 전통문화유산이나 역사, 그리고 문화를 기념하려는 작은 이벤트의 성격을 갖게 되어 지역사회의 규범이나 가치

---

22) Falassi, A. *Time out of Time: Essays on the Festival.* Albuque, University of New Mexico Press, 1987: 2.
23) Douglas et. al., *Special Interest Tourism.* John Wiley & Sons Australia, 2001: 357.
24) 김창수, 민속공동체신앙이 체화(體化)된 이벤트 축제상품 개발 방안, 관광정책학 연구 5(1), 1999: 118.

를 표현하는 양식으로 진전한다고 하였다.[25]

이승수(2003)는 축제를 민속학적인 관점에서 주기적으로 참가자가 집단으로 특유한 규칙에 의거하여 행동하며, 사람들의 관심을 한곳에 모으는 심벌이 있고 이 심벌을 이용하여 참가자에게 비일상적인 의식을 만들어내는 것이라 하였다.[26]

또한 함영덕(2000)은 축제를 공동체에 특별한 의미를 가진 사건, 시기, 인물, 생산품 등을 축하하고 기념하는 인간의 내재적 본능을 표출할 수 있는 시간과 공간이 허용된 제의와 놀이의 만남의 광장으로 정의하였다.[27]

전통적인 의미에서 보면, 축제는 지역주민들의 총체적인 삶과 전통문화적 요소가 잘 반영되어 있는 종합적인 문화행사로, 전통적인 지역축제들은 바로 이러한 지역주민들의 공동체적 의식과 동질성을 확인해 주었던 의미 있는 민속제로서 모든 축제의 기원은 공공의 향연과 의식이며, 예술이나 의식, 제례를 통하여 특별한 기회를 기념하는 방법으로 거행되고 축제의 주제는 주로 문화적 가치의 공유를 참고로 하여 결정된다.[28]

또한 전통적인 축제의 개념은 주로 지역의 독특한 전승문화를 중심으로 한 사회·문화적인 기능에 초점을 두었으나 현대적인 개

---

25) Chock, H. E. and Schooner, J. D., The Evolution of a Festival: Creole Christmas in New Orleans, The Centre for South Australian Economic Studied, *Tourism Management*, 14(6), 1993: 475-476.
26) 이승수, 새로운 축제의 창조와 전통축제의 변용, 민속원, 2003: 16.
27) 함영덕, 지역축제의 이벤트관광의 영향에 관한 연구, 경기대학교 박사학위논문, 2000: 29.
28) Getz, *Festivals, Special Event, and Tourism*, Van Nostrand Reinhold, New York, 1991: 57.

념에서는 전통적인 기능과 함께 지역사회에 미치는 긍정적인 효과로 경제적인 기능을 추가로 포함하고 있다.

이러한 관점에서 축제를 협의의 의미와 광의의 의미로 나누어 볼 수 있다. 협의의 축제는 지역과의 역사적 상관성 속에서 생성·전승된 전통적인 문화유산을 축제화한 것을 의미하며, 광의의 축제는 전통축제뿐 아니라 흔히 말하는 문화제, 예술제, 전국민속경연대회를 포함한 각 지역의 민속예술공연 등 문화행사 전반을 포함하고 있다.[29]

광복절행사중 퍼레이드

또한 관광의 측면에서 보면 Getz(1991)는 축제가 관광지에 생명력을 부가시키고, 관광지의 매력을 향상시킨다고 하였으며,[30] Jefferson(1991)은 축제는 한정된 기간에 음악과 미술을 중심으로

---

29) 김명자, 지역축제의 방향을 위한 시론, 비교민속학회 12권, 1995: 185-186.
30) Getz, Special Event: Defining the Product, *Tourism Management*, 10(2), 1989: 125.

음식과 음료에 이르기까지 모든 관광활동의 요소를 포함하여 개최
되는 특별한 축하의식이라 하였다.[31]

이상의 학자들의 정의를 종합하면, 축제는 문화와 전통이라는 속
성을 포함하고 있으며 주제가 있는 의식, 그리고 일상을 벗어난다는
개념을 포함하고 있다. 그러나 학자에 따라서 민속적인 관점에서 또
는 관광적인 관점에서 단편적인 정의를 내리는 경우도 있지만 현대
의 축제양상이 다양하게 나타나고 있으므로 단편적인 측면에서 정
의를 내리기는 어렵다. 따라서 논자는 선행연구를 토대로 하여, 본
연구에서 축제를 일상에서 벗어나 특별한 주제를 가지고 지역의 문
화와 전통을 공유하는 총체적인 삶의 현상이라고 정의하고자 한다.

2. 축제의 분류

축제는 개최기관에 따라 지방자치단체가 주최하는 축제와 민간
단체가 주최하는 축제로 분류할 수 있으나 최근에는 지방자치단체
에서 민간으로 위탁하여 개최하는 경우와 지방자치단체에서 축제
를 운영하는 재단법인을 별도로 설립하여 운영하는 경우도 있다.

문화체육부(1996)는 개최목적에 따라 주민화합축제, 관광축제,
산업축제, 특수목적축제의 네 가지로 분류하였다.[32]

첫째, 주민화합축제는 주로 해당 지역에서 전통적으로 개최되어
온 전통문화축제를 포함하여 최근에 많이 개최하고 있는 구민의

---

31) Jefferson, A. and Lickorish, L., *Marketing Tourism*, 2nd edition,
   Essex, Longman, 1991: 255.
32) 문화체육부, 한국의 지역축제, 문화체육부, 1996: 98-117.

날이나 시군민의 날과 같은 형태를 의미한다. 둘째, 관광축제는 관광산업의 발전과 관광객유치를 통한 지역경제 육성을 목적으로 하는 축제로서 최근의 문화관광축제를 의미한다. 셋째, 산업축제는 관광산업의 발전을 제외한 다른 산업 분야, 즉 농림축산업, 어업, 상업 등의 발전을 목적으로 하는 축제를 의미한다. 넷째, 특수목적축제는 환경보호 또는 역사적 인물이나 사실을 추모하거나 재현하는 것을 목적으로 하여 개최하는 축제를 말한다.

이경모(2002)는 축제를 프로그램에 따라 크게 전통문화축제, 예술축제, 종합축제로 분류하였다.33)

전통문화축제는 지역의 전승설화나 풍습에 유래하여 개최되는 축제로 주요 프로그램의 구성형식이 전통문화적인 요소를 강하게 내포한다.

김해가야세계문화축전의 거리공연

---

33) 이경모, 이벤트학원론, 백산출판사, 2003: 348.

〈표 2-1〉 축제의 분류

분류기준	분 류	사 례
개최기관	지방자치단체	무주반딧불축제
	민간단체	인사동축제
개최목적	문화관광축제	보령머드축제
	주민화합축제	대전한밭문화제
	산업축제	대구섬유축제
	특수목적축제	다산문화제
규 모	대규모 축제	경주세계문화엑스포
	문화관광축제(중대형)	안동탈춤페스티벌
	중소형축제	논산딸기축제
	소규모 축제	대부도포도축제
프로그램	전통문화축제	강릉단오제
	예술축제	과천한마당축제
	종합축제	이천도자기축제
주제와 소재	특산물	금산인삼축제
	자연환경	진도영등제
	역사적 사건/인물	영암왕인문화축제
	음 식	광주김치축제
	전통문화	강릉단오제
	공연예술	춘천마임축제
특 성	대규모 축제(spectacles)	파리 2백주년 기념식
	제의(rituals)	Seville의 성령행진
	예술축제 (artistic events programme)	칸느영화제
	대중축제(popular fair)	연축제, 열기구축제
	도시축제 (popular citizen's festival)	거리축제, 퍼레이드
지 역	도시지역축제	하이서울페스티벌
	농어촌 지역축제	강경젓갈축제
	중간지역축제	이천도자기축제

자료: 이경모, 이벤트학원론, 백산출판사, 2003: 348을 참고로 하여 논자 재구성.

예술축제는 현대적인 전시예술 및 공연예술 위주로 구성되었으며, 예술적인 소재와 문화적인 요소를 활용한 축제를 의미한다. 지역의 문화예술에 바탕을 둔 축제와 전혀 새로운 분야의 예술축제의 형태로 나타난다. 종합축제는 전통문화축제의 형식, 예술축제의 형식, 체육행사 및 오락프로그램이 혼재되어 나타나는 축제를 가리킨다. 또한 축제의 주제(테마)와 소재에 따라 특산물, 자연환경, 역사적인 사건과 인물, 음식, 전통문화, 공연예술축제 등으로 분류할 수 있다.

외국의 경우, Schuster(1995)는 축제의 특성에 따라 대규모 축제(spectacles), 제의(rituals), 예술축제(artistic events programme), 대중축제(popular fair), 도시축제(popular citizen's festival)로 구분하였다.[34]

또한 Dawson(1991)은 개최민족 및 프로그램 내용 등에 따라 단일 민족축제와 다문화 축제로 구분하였다.[35]

다른 관점에서 김선기(2003)는 향토자산의 종류 및 활용형태에 따라 산업축제, 문화축제, 생태축제로 분류하였으며,[36] 문화연대는 축제의 유형적인 성격과 축제의 정체성을 중심으로 문화예술축제, 전통문화축제, 지역특산물축제, 지역특성화축제로 구분하였다.[37]

다양한 분류기준 중에서 규모에 따른 분류와 지역에 따른 분류

---

34) Schuster, J. M., Two urban Festivals: La Merce and First Night, *Planning Practice and Research*, Vol.10 No.2, 1995: 173-187.
35) Dawson, D., A Critical Analysis of Ethnic and Multicultural Festival, *Journal of Applied Recreation Research*, 16(1), 1991: 35.
36) 김선기, 향토자산 활용 지역축제의 마케팅전략, 한국지방행정연구원, 2003: 45.
37) 문화연대, 2002 지역축제 평가 및 활성화방안 토론회 자료, 2002: 6-7.

가 축제평가에 있어 중요한 의미를 지닌다고 볼 수 있다.

　1) 규모에 따른 축제의 분류

　축제는 소규모 마을 단위의 축제로부터 대규모 엑스포까지 다양
한 형태로 나타난다. 따라서 각각 다른 규모의 축제를 같은 평가기
준을 적용하는 것은 한계가 있다. 따라서 각각의 규모에 맞는 평가
기준을 적용하여야 한다.

　축제의 규모에 따른 분류는 여러 가지가 있으나 우리나라 축제
의 규모에 따라 선행연구를 기초로 네 가지 형태로 분류하였다.

〈표 2-2〉축제의 규모에 따른 분류와 특성

구 분	형 태	주 최	개최 주기	개최 기간	참가자 수
대규모 축제(Mega)	박람회	도, 시, 국가	2년, 4년	20일-90일	100만 이상
문화관광축제 /중대형축제 (Hallmark)	일반적인 축제	시, 군	1년	3일-10일	10만-30만
중소형축제 (Regional)	일반적인 축제	시, 군, 읍	1년	3일-7일	5만-10만
소규모 축제(Small)	특산물축제나 상가축제의 형태	상인조합, 마을 단위	1년, 6개월	1일-7일	5만 이하

　자료: Allen et. al., *Festival & Special Event Management*: Second Edition,
　　　2002: 11-14/ Douglas et. al., *Special Interest Tourism*, John Wiley & Sons
　　　Australia, 2001: 357의 자료를 참고하여 논자 정리.

박람회와 같은 대규모 축제는 중앙정부에서 직접적인 주최를 하지는 않지만 국가적인 차원에서 홍보나 개최지원을 하게 되며, 도나 시 주최로 개최된다. 개최주기는 2년이나 4년을 주기로 개최되고 개최기간은 일반적으로 20일에서 90일 정도이며, 100만 명 이상 참여하는 대규모로 이루어진다. 매스미디어에 커다란 영향을 줄 수 있는 국가적인 행사이며, 누구나 꼭 봐야 하는 행사로 분류될 수 있다.[38]

문화관광축제(중대형축제)는 문화관광부에서 지정하는 축제와 이에 상응하는 규모의 축제로 가장 많이 연구되고 있는 축제이다. 시나 군 단위로 개최되며 개최주기는 1년 주기로 개최된다. 개최기간은 5일에서 10일 사이가 가장 많고 일반적으로 10만 명에서 30만 명이 참가한다.

중소형축제는 문화관광축제보다 작은 규모로서 문화관광축제로 발전할 가능성이 있는 축제를 의미한다. 특산물축제의 형태가 많으며, 내용과 규모에 따라 문화관광 예비축제로 지정되는 경우도 있다. 문화관광축제와 마찬가지로 시, 군 단위로 개최되며, 개최주기는 1년 주기로 개최된다. 개최기간은 일반적으로 3일에서 7일 정도로 개최되고 참가자는 5만 명에서 10만 명 정도 참가한다.

소규모 축제는 주로 마을이나 상인조합 단위로 이루어지며, 1년 또는 6개월 주기로 개최되고 지방자치단체의 적극적인 개입보다는 마을이나 상인조합에서 조직체를 구성하여 지역의 특별한 상품의 판매를 목적으로 하는 경우가 많다. 개최기간은 지역에 따라 차이가 많이 있으나 1일에서 7일 정도로 개최되고 있으며 참가인원은

---

38) Allen et. al., *Festival & Special Event management*: Second Edition, 2002: 13.

5만 명 이하로 참가한다.

    [그림 2-1]에서 보는 바와 같이 축제의 규모가 크면 클수록 외부 관광객의 수가 늘어나며 외부의 관심이 증가하게 된다. 외부 관광객이 증가하면 매스미디어의 관심이 커지고 그에 따라 스폰서의 확보가 용이하여진다. 반면에 대규모의 시설로 축제를 치러야 하기 때문에 초기시설 투자비용이 많이 들게 된다.

    또한 축제의 규모가 작을수록 상대적으로 개최지 지역주민의 참여가 적극적으로 이루어진다. 또한 지역의 독특한 문화와 지역의 특성이 잘 나타나게 된다. 그러나 작은 규모로 인해 스폰서의 확보가 어려우며 축제의 예산조달의 어려움이 있다.

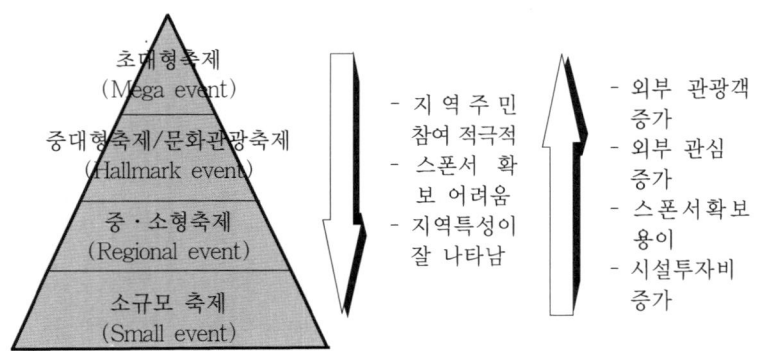

자료: Allen et. al., *Festival & Special Event Management*: Second Edition, 2002: 11-14/ Douglas et. al., *Special Interest Tourism*, John Wiley & Sons Australia, 2001: 357의 자료를 참고.

[그림 2-1] 축제의 규모에 따른 분류와 특성

2) 지역에 따른 축제의 분류

축제는 지역에 따라 도시지역축제, 농어촌지역축제, 중간지역축제 등으로 나눌 수 있으며, 지역에 따라 접근성과 지역주민의 참여도, 관광지와의 연계, 외국인 참여비율, 프로그램 내용이 다양하게 나타날 수 있으므로 축제평가 시 지역에 따른 차이를 고려하여야 한다.

세부적으로 서울이나 대구, 부산, 광주 등 광역시를 중심으로 개최되는 대도시지역의 축제와 이천, 광주 등 대도시와 농촌지역의 중간지역에서 개최되는 중간지역축제, 그리고 무주, 청도, 평창 등 농촌지역에서 주로 행해지는 축제로 분류할 수 있다.

지역에 따라 전체 주민의 수와 배후도시와의 거리, 공항, 고속철도 등의 접근성의 문제 등 여러 가지 축제에 영향을 주는 요인이 있다. 따라서 특히 외국 관광객의 수를 평가하거나 전체적인 참가자 수, 숙박시설, 인근 관광지와의 연계성 등을 평가할 때는 축제의 개최지역에 따르는 상황을 고려하여야 한다.

3. 축제의 특성과 기능

Harvey Cox(1982)는 축제의 본질적인 특성을 고의적 과잉성, 긍정성, 대국성(對局性)으로 표현하였다.[39] 고의적 과잉성은 일상적인 생활습관이나 규범을 벗어나 지나친 행동을 하게 되는 것을 말한다. 전통적인 도덕성이나 금기시되어 온 행동들을 축제 때에 보

---

39) Harvey Cox, 김천배 역, 바보제, 현대사상사, 1982: 41-43.

여줌으로써 잠시나마 현재의 속박에서 벗어나게 됨을 말한다.

긍정성은 인간생활의 고뇌와 번민을 극복하고 자신이 원하는 모든 것이 성취되었고, 성취할 수 있다는 기대감을 주기도 한다.

대국성(對局性)은 과잉적 요소와 관련되는 하나의 뚜렷한 대조를 보인다는 뜻으로 고의적 과잉성을 가지고 있으면서도 일상의 작업이나 중요성을 잘 대조시켜 나간다고 보는 것이다.

우리나라의 축제의 특성은 역동성, 지역성, 가변성을 들 수 있다.

역동성은 고의적 과잉성보다는 우리문화의 정서적인 면을 반영하는 개념으로 축제를 통하여 일상의 단조로운 삶에 대하여 재충전을 할 수 있는 계기를 만드는 개념을 포함하고 있다.

지역성은 그 지역의 역사와 문화가 축제에 그대로 반영되어 나타나는 것으로 전통적인 의례와 문화예술이 축제를 통하여 지역민들에게 향유되고 보존되는 것을 뜻한다.

가변성은 우리나라의 축제가 지역의 문화를 바탕으로 하지만 산업사회로 인한 생활양식과 가치관의 변화로 인해 축제의 주제나 내용이 방문객의 욕구에 맞추어 지속적으로 변화함을 의미한다.

류정아(2003)는 축제의 기능을 지역성과 지역의 문화적 정체성을 표현하는 대표적인 수단으로 보고 있다. 축제 개최의 단위가 국가나 민족보다는 지역 단위로 개최되어 지역공동체의 정체성을 강조하는 계기가 되고 있으며, 정치경제적으로 안정적인 상황에 있거나 아니면 반대로 지극히 불안한 상황에서, 한 집단의 정체성을 표현하고 공동구성원을 결집시키는 데 가장 효율적인 기제로서 문화적인 요소가 전면으로 부각되게 되었고, 바로 이때 축제는 이 기능을 가장 효율적으로 즉각적으로 수행하는 것으로 간주되고 있기

때문이다.[40]

또한 축제는 가장 빠르게 성장하는 관광대상의 형태로써[41] 방문객의 입장에서는 지역의 문화, 지역의 독특한 음식, 지역의 특별한 음악, 기타 지역의 독특한 문화예술의 교육적인 체험을 할 수 있는 기회를 제공하기도 한다.[42]

Turco(1995)는 지역주민의 관점에서 '축제는 지역주민에게 오락적 기능을 제공하고 지역의 이미지를 강화하여 주며, 지역주민에게 자부심을 갖게 한다'고 하였다. 그리고 지방자치단체에서의 입장에서는 경제적인 관점에서 지역의 소비를 활성화하고 지역의 세수입을 늘이는 것을 핵심적인 기능으로 보기도 한다.[43]

40) 류정아 외, 축제와 문화, 연세대학교 출판부, 2003: 50.
41) Mayfield, T. R., & Crompton, J. L., Development of an Instrument for Identifying Community Reasons for Staging Festival, *Journal of Travel Research* Winter, 1995: 37.
42) Gitelson et. al., Evaluating the Educational Objects of Short-term Event, *Festival Management & Event Tourism* Vol.3(1), 1995: 10.
43) Turco, D. M., Measure the Tax Impact of an International Festival,

따라서 축제를 지역의 경제적인 혜택을 주는 것으로 인식하고 있는 지방자치단체, 지역주민, 축제의 주최자들은 가능한 많은 방문객을 유인하여 경제적인 효과를 극대화하는 방법을 찾고 있다.[44]

Derrett(2003)는 축제가 가지고 있는 여러 가지 기능을 일곱 가지로 제시하였다.

첫째, 축제의 축하적인 성격은 지역주민에게 자유와 결속감(connectedness)을 제공하며, 둘째, 지역사회의 중요한 것을 지속하도록 하거나, 발전시키는 데 참여하는 기회를 제공하며, 셋째, 지역사회의 문화적인 발전을 위한 기회를 제공하고, 넷째, 지역사회를 위한 방향을 제시하고, 넷째, 동일한 관습, 경험, 습관, 이미지, 등에 의해 하나가 된 개개인의 가치체계를 반영하고, 다섯째, 한 세대의 경험을 다음 세대로 전수하는 역할, 그리고 그들의 지역사회를 전체적으로 바라볼 수 있는 기회를 제공한다고 하였다.

그리고 사회적 자본(social capital)과 사회적 결속(social fabric)이 지역발전의 중요한 요인으로 지역사회는 지역주민의 소속감이나 가치를 강조하기 위해 축제나 이벤트를 개최한다고 하였다.[45]

Douglas et. al.(2001)은 축제가 문화적인 관점에서 지역사회에 정체성을 갖게 하고 지역주민에게 자긍심을 고취시킨다고 하였다. 또한 지역주민을 하나로 묶는 계기가 되며, 사회적 편익을 제공하고 정신적인 체험을 가지는 기회를 준다고 하였다. 이외에도 참가

Festival Management & Event Tourism Vol.2(3/4), 1995: 191.

44) Delamere, Development of a Scale Measure Resident Attitudes toward the Social Impacts of Community Festivals, Part Ⅱ: Verification of scale, *Event Management* Vol.7(1), 2001: 25.

45) Derrett, R., Making sense of how festival demonstrate a community's sense of place, *Event Management*, 8(1), 2003: 51.

자에게 교육의 기회를 제공하고 이를 통하여 지역의 자연환경과
문화를 보존하고 강화하는 기능이 있다고 하였다.[46]

Weppler & McCarville(1994)은 다른 측면에서 축제는 많은 수
의 잠재고객을 위한 광고와 커뮤니케이션의 수단의 이상적인 공간
으로 보았다. 또한 축제는 세분시장에 직접적으로 접근하여 효과적
으로 이미지를 어필할 수 있는 기회를 제공함으로써 마케팅적인
관점에서도 중요한 의미를 가지고 있는 것으로 보고 있다.[47]

4. 축제의 효과

축제는 개최지의 이미지 제고, 기반시설의 강화, 지역주민의 자
긍심 고취, 전통문화의 보존과 재발견 등 사회문화적인 효과와 지
역특산물의 판매 증가, 지역고용의 증가, 지방정부의 세수입 등 해
당 지역과 지역주민에게 다양한 경제적인 혜택을 주는 효과를 가
지고 있다.

또한 지방자체단체의 입장에서 지역특화사업의 기회로서 축제를
활용하고 있으며, 지역특산물의 홍보, 지역특산물 재고의 정리, 새
로운 특산물 판로의 개척, 관련된 지역고용의 효과 등 다양한 경제
적인 효과에 중점을 두고 축제를 활성화하려는 노력을 하고 있다.
그러나 Chock & Schooner는 경제적인 효과에만 초점을 맞추고 축

---

46) Douglas et. al., *Special Interest Tourism*, John Wiley & Sons Australia, 2001 : 358-359.
47) Weppler, K. A. & McCarville, R. E., Understanding Organizational Buying Behavior to Secure Sponsorship, *Festival Management & Event Tourism* Vol.2(3/4), 1995 : 139.

제를 진행하는 것은 위험할 수 있으며, 나아가 축제의 경제적 효과 이외에 사회·문화적 효과, 정치적 효과, 교육적 효과 등 다양한 부문에서 영향을 미칠 수 있음을 고려하여야 한다고 하였다.[48]

축제의 효과는 크게 긍정적인 효과와 부정적인 효과로 나눌 수 있으며, 긍정적인 효과는 경제적 효과, 사회문화적 효과, 환경적인 효과가 있다.

첫째, 축제의 경제적 효과는 지방자치단체나 지역주민들이 가장 관심을 갖고 있는 부분으로 축제를 위한 기반시설의 건설, 방문객의 입장료, 지역특산물에 대한 구매, 숙박시설에 대한 수입, 지역고용의 창출, 지방정부의 세수입, 축제 관련 사업비의 지출 등의 여러 가지 효과가 있다.

함영덕(2000)은 지역의 축제와 관련된 소비, 투자의 지출에 의하여 유발된 생산활동은 해당 자치단체의 고용과 그에 의한 소득을 창출하며, 동시에 주민세, 사업소득세 등의 지방세를 증가시킨다고 하였다. 또한 지방자치단체가 축제를 개최함으로써 지역의 산업에 직접적인 이익을 가져올 수 있을 뿐만 아니라 기존의 지역 특정사업과 타 업종과의 교류가 가능해져 새로운 산업이 발전될 기회로도 활용이 가능하다고 하였다.[49]

둘째, 축제의 사회문화적인 효과는 다양한 관점에서 보고 있다. Richie(1984)는 축제가 지역주민들에게 지역에 대한 자긍심을 갖게

---

48) Chock, H. E. and Schooner, J. D., The Evolution of a Festival: Creole Christmas in New Orleans, The Centre for South Australian Economic Studied, *Tourism Management*, 14(6), 1993: 475-482.

49) 함영덕, 지역축제의 이벤트관광의 영향에 관한 연구, 경기대학교 박사 학위논문 2000: 38-39.

하고 지역주민들을 통합하는 응집력을 가지고 있으며, 지역에 대한 애향심을 가지게 하는 효과가 있다고 하였다. 또한 지역주민들은 지역에서 축제가 개최되는 것에 대해 자긍심을 갖게 되고 그 결과 지역 및 지역문화에 대한 특별한 애정을 갖게 된다. 이러한 지역주민들의 자긍심은 지역주민들로 하여금 귀속감과 정체성을 갖도록 해준다. 또한 지역주민들은 축제의 준비과정에 참여함으로써 서로 간의 유대를 강화할 수 있고 지역적인 공감대를 형성할 수 있다.[50]

Gitelson et. al.(1995)은 방문객의 입장에서 축제는 관광의 주요 동기인 타 지역의 생활과 문화에 대한 지적욕구를 충족시켜 주는 계기가 되며, 지역의 전통춤, 음식, 민요 등 다양한 문화적 활동을 관람하고 참여할 수 있는 기회를 제공한다고 하였다.[51]

또한 축제는 지역주민에게 축제의 다양한 프로그램을 통하여 여가활동 참여의 기회를 증대시키며, 이로 인한 지역의 문화예술단체들의 지역문화예술 활동이 활발해져서 지역의 문화수준이 향상되는 결과를 가져온다.

문화정책개발원(1995)은 이러한 문화적인 관점에서 축제의 개최로 인하여 기존의 고유문화와 시민문화가 원형을 갖추어 지역문화가 정착되는가 하면, 새로운 문화활동이 생성되기도 한다고 하였다.[52]

또한 Uysal & Getelson(1994)은 개최지의 입장에서 축제가 지

---

50) Richie, J. R. B., Assessing the Impact of Hallmark Events: Conceptual and Research Issues, *Journal of Travel Research*, Summer, 1984: 2-11.
51) Gitelson et al, Evaluating the Educational Objects of Short-term Event, *Festival Management & Event Tourism* Vol.3(1), 1995: 10.
52) 한국문화정책개발원, 춘천인형극제의 지역경제 사회문화적 효과, 한국 문화정책 개발원, 1995: 2.

역문화를 계승하고 발전시키는 계기가 되며, 지역의 전통문화자원을 보존하고 강화하는 수단이 될 수 있다고 하였다.[53]

셋째, 환경적인 효과를 보면, 축제를 통한 체계적인 문화유산의 관리를 통하여 문화유산의 보존과 수명 연장이 될 수 있으며, 문화유산의 관광상품화에 따른 주변환경의 정비와 지역사회 전반에 걸쳐 환경이 개선되는 효과를 기대할 수 있다.

또한 축제를 통하여 지역 내에 있는 문화유산을 알리는 계기가 됨으로써 문화유산에 대한 관심과 보존에 대한 재정적인 지원을 기대할 수 있다. 그러나 상대적으로 너무 많은 관광객이 유적지를 방문함으로써 유적지가 파괴될 수 있으며, 이로 인하여 유적지의 접근을 차단하는 등 부작용이 발생할 수 있다.

긍정적인 효과가 여러 가지로 나타나고 있지만 반면에 부정적인 효과도 다양하게 나타나고 있다. Kern & Rasmussen(1995)은 수용력을 초과하는 축제의 운영은 참가자들에게 과다한 군중과 과다한 차량, 과다한 소음으로 인해 오히려 불편함을 줄 수 있고 이로 인한 지역주민들의 불만이 표출된다고 하였다.[54]

따라서 축제의 개최로 인한 지역주민의 물질만능주의가 확산되어 지역주민에게 소비지향적인 태도를 조성하는 등 지역의 경제적인 인식의 변화가 생길 수 있고, 매춘, 마약, 도박 등 사회병리적인 현상이 생길 수 있는 문제를 가지고 있다.

---

53) Uysal, M. & Gitelson, R., Assessment of Economic Impact: Festival and Special Events, *Festival Management& Event Tourism*, Vol.2, 1994: 3-9.

54) Kern, T. J. & Rasmussen, L., Asleep at the Wheel: Case Study, *Festival & Event Management*, Vol.3, 1995: 37-39.

프랑스동성애축제 중 퍼레이드

또한 지역의 문화와 지역주민의 정서를 바탕으로 기획되지 않은 축제는 문화의 지나친 상품화와 문화의 변용을 초래할 수 있다는 우려를 자아내고 있다.

그 외에도 Richie(1984)는 통제되지 않은 관광객들은 지역의 청소년들에게 비교육적인 영향을 주어 여러 가지 범죄를 유발하고 지역의 문화유산을 파괴하는 부정적인 효과를 줄 수 있다고 하였다.[55]

위와 같이 축제의 효과는 긍정적인 부분과 부정적인 부분으로 다양하게 나타나고 있으며, 이를 정리하면 〈표 2-3〉과 같다.

축제의 특성과 기능, 그리고 효과에 대한 연구의 경향을 보면 경제적인 효과나 사회문화적인 효과, 그리고 종교적인 기능 또는 사회문화적인 기능에 초점이 맞추어져 있다.

그러나 축제의 기능이 반드시 문화적인 기능이나 경제적인 기능

---

55) Ritchie, J. R. B., Assessing the Impact of Hallmark events: Conceptual and Research Issues, *Journal of Travel Research*, Summer, 1984: 2-11.

이 핵심적인 기능이라고 볼 수 없으며 지역주민의 여가활동의 증
가 또는 삶의 질을 높이는 여가선용의 기능도 가지고 있으며, 다양
한 시각에서 축제의 기능과 효과를 바라볼 필요가 있다.

　또한 종교적이고 제의적인 의식에서 출발한 축제라고 할지라도
반드시 종교적인 신성성과 제의적 요소를 포함하여야만 축제의 범
주에 포함할 수 있는 것은 아니고 스포츠이벤트나 경연대회의 형
태 등 여러 가지의 형태로 나타나고 있기 때문에 축제를 다양한
특성을 포함하는 포괄적인 범주에서 연구되어야 할 것이다.

〈표 2-3〉 축제의 효과

구 분	항 목	내 용
긍정적 효과	경제적 효과	· 내·외국인의 직·간접소비에 의한 지역경제 파급효과 · 접근성 확보 등 기반시설 건설에 다른 지역경제 활성화 및 지역 개발효과 · 문화유산 관광상품화에 따른 지역 간 생활수준 격차 감소
	사회·문화적 효과	· 지역주민의 정체성 확보(자긍심형성) · 지역의 문화발전 · 지역문화에 대한 교육효과
	환경적 효과	· 체계적인 관리와 통제에 의한 문화유산 보존 및 수명연장 · 문화유산 관광상품화에 따른 주변 환경정비 효과 · 지역사회 전반의 환경정비 효과
부정적 효과	경제, 환경 사회·문화적 효과	· 지역주민의 물질만능주의 확산 · 소비지향의 태도 형성 · 관광의 가치 강조로 인한 문화유산 고유의 자원성 퇴색 · 문화의 상업화, 연출된 고유성 형성 · 문화변용(문화의 변질) · 지역주민의 상대적 박탈감 조성 · 매춘, 도박, 알코올중독 등 지역사회의 병리현상 발생 · 과다한 관광객으로 인한 유적피해와 쓰레기 등 환경오염

자료: 이경모, 이벤트학원론, 2003: 357을 참조하여 논자 정리.

제2절 축제평가에 대한 이론

1. 축제평가의 개념과 분류

1) 평가의 개념

평가의 의미는 측정하고자 하는 어떤 대상의 가치나 수준을 평가하는 것으로써, 측정(measurement), 검사(test) 등의 용어와 유사하게 쓰인다.

평가는 목표가 달성된 정도에 대한 측정으로 규정하기도 하며, 가치를 배분하고 사업이나 활동의 가치를 결정하는 과정이라고 규정할 수 있다. 즉 평가를 하려고 할 때 어떤 사업의 실제적 투입물과 산출물에 대한 정보를 수집하고 이를 사업의 기술된 목적과 목표로부터 도출된 표준이나 기대와 비교하면 사업에 대한 정확한 판단을 할 수 있다.[56]

평가는 대부분의 사회과학 분야에서 일반적으로 다루어지고 있으며, 최근에는 정책에 대한 평가, 공공기관에 대한 평가, 경영실적에 대한 평가 등 사회과학 전반에 걸쳐 다양하게 나타나고 있다.

Getz(1997)는 평가를 가치에 대한 주관적인 결정으로 이벤트의 실행과정을 관찰, 측정, 모니터링(monitoring)하는 과정이라 하였다. 또한 평가는 스폰서를 만족시키고 재정적인 지원을 얻어내는 효과가 있으며, 예산을 지원하는 기준이 되며 예산이 합리적으로

---

56) 한국지방행정연구원, 지방자치단체 지역개발사업의 평가체계 및 기법 개발, 1999: 30.

60

집행되는가를 파악하는 중요한 자료가 된다.

평가는 이벤트 개최를 통해 얻은 성과를 알아내기 위하여 이벤트의 계획과정에서 종료까지의 전 과정을 분석하고, 그 결과를 통해 관리과정상의 성과를 개선하고자 하는 활동이다. 따라서 이벤트 평가는 개최조직 구성원에게 수행과정상의 개선점을 제공하고, 외부 이해관계자에는 이벤트의 성과를 파악할 수 있는 정보를 제공한다.[57]

또한 평가는 효과(effectiveness)를 평가하는 것과 효율(efficiency)을 평가하는 것의 두 가지 유형으로 구분된다.

효과를 평가하는 것은 목적을 달성하였는가를 확인하는 것으로 경제적인 효과의 경우와 같이 얼마나 잘 축제의 목적에 도달했는가를 측정하는 것이고 효율을 평가하는 것은 자원의 이용에 관한 측정으로 축제가 예산의 낭비 정도 또는 축제 중 지출항목의 적절성을 측정하는 것이다.

Getz(1997)는 평가를 하는 이유를 여덟 가지로 설명하였다. 첫째는 문제의 규명과 해결을 모색, 둘째는 관리를 개선하는 방법을 추구, 세 번째는 이벤트나 프로그램의 가치를 결정, 네 번째는 성공과 실패를 측정, 다섯 번째는 비용과 편익을 판단, 여섯 번째는 파급효과의 측정과 파악, 일곱 번째는 스폰서와 관계당국을 만족시키기 위해서, 여덟 번째는 스폰서와 관계당국의 승인, 신뢰, 지원을 얻기 위해서 필요하다고 하였다.[58]

Faulkner(1997)는 평가과정을 4단계로 나누어 보았고, 이를 그림으로 표현하면 [그림 2-2]와 같다.

---

57) 이경모, 이벤트학원론, 백산출판사, 2003: 322.
58) Getz, *Event Tourism and Event Management*, Congnizant Communication Corporation, 1997: 331.

첫 번째 단계에서는 이벤트의 목적, 전략과 전술, 타깃(target)이 적합한가에 대한 프로그램 검토의 단계로 적합성(appropriateness)을 평가한다. 두 번째 단계에서는 실행평가의 단계로 실행결과와 데이터 자료를 측정하고 세 번째 단계에서는 일반적인 분석의 단계로 단기적인 효과와 환경적 요인 등을 측정하여 효과성(effectiveness)을 평가한다. 네 번째 단계에서는 비용 대비 순이익 등을 측정하는 비용편익에 대한 효율성(efficiency)을 평가한다.[59]

평가는 평가 주체와 객체, 평가도구로 이루어진다. 평가 주체와 평가도구는 어느 쪽이 평가 주체가 되고 어느 쪽이 평가 객체가 되느냐에 따라 객관성의 문제와 관련이 있으며 평가도구는 평가방법과 유사한 개념으로 어떠한 평가도구를 썼느냐에 따라 합리성의 문제와 긴밀하게 연결되어 있다.

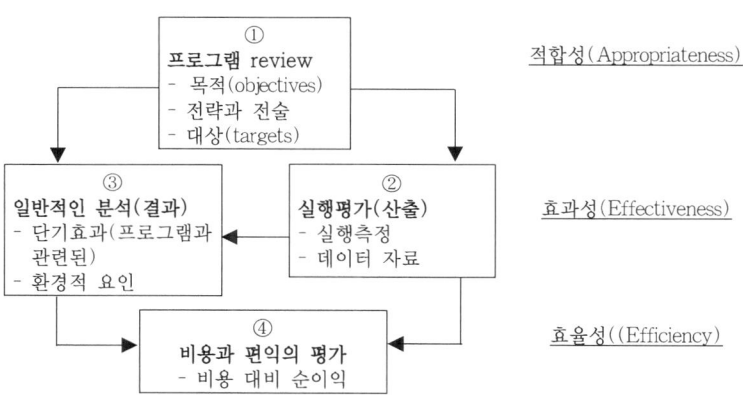

자료: Faulkner, A Model for the Evaluation National Tourism Destination Marketing Programs, *Journal of Travel Research*, Winter, 1997: 24.

[그림 2-2] Faulkner의 평가과정의 틀

59) Faulkner, A Model for the Evaluation National Tourism Destination Marketing Programs, *Journal of Travel Research*, Winter, 1997: 24.

2) 평가의 분류

Watt(1998)는 평가의 분류에 있어 결과를 고려하는 경성기준 (hard criteria)과 과정을 고려하는 연성기준(soft criteria)으로 나누 었다. 경성기준은 유형적이며 계량적 성질을 가진 것으로 최종기 한, 공연명세서, 특정품질기준, 요구비용, 자원제약 등을 포함하며, 연성기준은 무형적이며, 질적 성질을 가진 것으로 협조태도, 긍정 적 이미지, 스태프의 관여(commitment), 전체 품질, 윤리적 행위 등을 포함하고 있다.[60]

이경모(2002)는 범위에 따른 분류로 정치, 경제, 사회, 문화적인 영향과 효과 등에 대한 거시적인 평가와 참가자 수, 티켓판매량, 프로그램의 수준, 방문객프로필, 정보원천, 만족도, 추구편익, 식음 료 서비스에 대한 평가 등의 미시적인 평가가 있다고 하였다.[61]

Allen, O'Toole, McDonnell & Harris(2002)는 유·무형의 효과로 분류하였다. 효과를 평가하는 방법에는 유형의 요소와 무형의 요소 가 있으며, 경제적 비용과 혜택 등 유형적인 효과와 지역에 미치는 사회문화적인 영향 등 무형적인 효과가 있다고 하였다.

유형의 효과에 대한 평가는 측정이 용이하기 때문에 일반적으로 더 많이 이루어지나 무형의 효과에 대한 측정도 매우 중요하다고 볼 수 있다. 지역주민의 사회생활 및 복지에 미치는 효과, 축제를 통한 자긍심 고취, 관광지로서 이미지 형성에 미치는 장기적 효과 와 같은 무형의 요소들은 측정이 용이하지 않다고 하였다.[62]

---

60) Watt, *Event Management in Leisure and Tourism*, Addison Wesley Longman, 1998: 75.
61) 이경모, 이벤트학원론, 백산출판사, 2003: 324.

평가 주체에 의한 분류는 외부평가와 내부평가 혹은 자체평가로 구분되며 관리상의 책임소재를 명확히 하거나 평가결과를 다른 목적에 활용하기 위해서 흔히 사용된다. 외부평가는 사업관리상의 책임소재를 명확하게 파악하기 위해 제3자, 즉 지역대학, 평가 관련 기관, 지방연구원 등 외부 기관에 의해 수행되는 평가이며, 자체평가 내지 내부평가는 사업을 추진하는 주체가 집행전략과 효율적 관리를 위한 정보 산출을 통해 평가의 질을 확보하기 위해 스스로 수행하는 평가이다.[63]

시기에 따른 분류로는 타당성평가, 수요조사, 전략기획의 일부로 실행하는 사전평가와 프로그램이나 예산집행이 계획대로 실시되고 있는가에 대한 실행평가가 있으며, 참가자 데이터, 경제적인 영향 등 비용대비 효과에 대한 사후평가로 분류할 수 있다.

또한 평가항목이 계량화가 가능한 것인가 아닌가에 따라서 양적 평가방법과 질적 평가방법으로 구분된다.

양적 평가방법은 주로 실험측정, 변인, 가설검증, 통계와 같은 용어들과 깊은 관련이 있으며, 그 예로 공공정책평가나 기존에 나와 있는 정부시책평가에서 쓰고 있는 능률성, 효과성, 정확성 등을 들 수 있다.

또한 양적 평가방법을 보완할 수 있는 질적 평가방법은 기술적, 현장 중심적, 해석학적 논의 등과 같은 용어나 사례연구에 깊이 관련되어 있으며, 균형성, 합목적성(合目的性), 민주성, 부합성, 합리성 등을 들 수가 있다.[64]

---

62) Allen et. al., *Festival & Special Event management*: Second Edition, 2002: 396.
63) 고승익 외, 관광이벤트 경영론, 백산출판사, 2003: 147.
64) Dorr-Bremme, D. W, Ethnographic Evaluation: A theory & Method,

64

〈표 2-4〉 평가의 분류기준에 따른 분류

기 준	분 류	출 처
내 용	·양적인 평가와 질적인 평가 ·경성기준(hard criteria): 유형적이며 계량적인 성질. 　　　　　　　　　　　결과를 고려 ·연성기준(soft criteria): 무형적이며 질적인 성질. 과정을 고려	Watt (1998)
범 위	·거시적인 평가-정치적. 사회문화적. 경제적인 영향 등 ·미시적인 평가-티켓판매량. 참가자 수	이경모 (2003)
유 형	·효과(effectiveness)-투입 대비 산출 ·효율(efficiency)-효과에 대한 비율	Getz (1997)
시 기	·구성적인 평가(사전평가)-타당성 평가. 수요조사. 전략 　　　　　　　　　　기획의 일부로 실행 ·과정적인 평가(실행평가)-프로그램이나 예산집행이 계 　　　　　　　　　　획대로 실시되었는지 ·결과적인 평가(사후평가)-비용대비 효과에 대한 평가	Allen et al (2002)
주 체	·내부평가-내부적으로 실행하는 자체 평가 ·외부평가-외부 기관에 의해 수행되는 평가	고승익 (2003)
유·무형	·유형적인 요소-경제적인 비용 ·무형적인 요소-자긍심. 관광지로서 이미지 형성	Allen et al (2002)
계량유무	·계량적 평가-정량적인 평가(능률성. 효과성. 정확성) ·비계량적 평가-정성적인 평가(균형성. 합리성)	Dorr-Bremme (1985)
내·외부	·외부환경-지역의 여건(잠재관광객. 교통여건. 소비여건) ·내부환경-프로그램. 행사장 운영요소. 관리. 마케팅	이영주. 최승담(2002)

자료: Watt. *Event Management in Leisure and Tourism.* Addison Wesley Longman. 1998: 75/ 이경모. 이벤트학원론. 백산출판사. 2003: 324/ Allen et. al.. *Festival & Special Event management:* Second Edition. 2002: 396/ 고승익 외. 관광이벤트 경영론. 백산출판사. 2003: 147/ Getz. *Event Tourism and Event Management.* Congnizant Communication Corporation. 1997: 332/ 이영주·최승담. 지역축제 모니터링 구성체계와 GIS의 활용방안. 관광학연구. 26(3). 2002: 154의 연구를 이용하여 논자 정리.

　　내·외부 환경에 따른 분류로는 외부환경에 대한 평가항목으로 잠재관광객. 교통여건. 소비여건(음식. 쇼핑). 관광매력물. 주변지역의 경쟁이벤트 등의 외부적인 환경에 관한 항목과 지역의 여건을 포함한 내부환경에 대한 평가항목으로 프로그램. 행사. 행사장 운영요

Educational Evaluation & Policy Analysis. 7(1). 1985: 65-68.

소(음식, 쇼핑, 관람, 편의), 관리, 마케팅 등을 들 수가 있다.[65]

2. 축제의 기획·운영과 평가

축제의 평가는 기획과 운영, 평가가 하나의 틀로 이루어져 있다. 이전에 실행했던 축제의 평가의 자료를 기준으로 새로운 축제의 기획이나 운영을 실행하게 되며 수용체계나 행사의 구성, 행사의 홍보, 참가자의 만족도 등 축제의 기획·운영에 대한 평가와 정치, 경제, 사회문화, 환경의 영향에 대한 평가를 실시하여 통제하고 조정하는 과정을 거친다.[66]

따라서 축제평가의 모형은 평가 후 나온 데이터를 가지고 다시 기획하는 순환(circulation)의 형태가 된다.

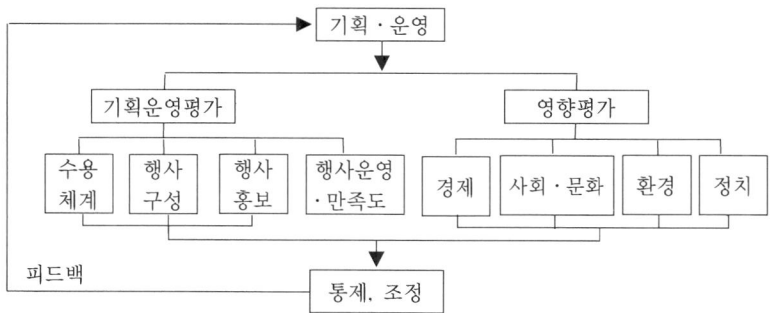

자료: 이강욱, 문화관광축제의 영향 및 운영효율화, 한국관광연구원, 1998: 41의
      자료를 논자 재작성.

[그림 2-3] 축제의 기획·운영 및 영향평가 모형

---

65) 이영주·최승담, 지역축제 모니터링 구성체계와 GIS의 활용방안, 관광학 연구, 26(3), 2002: 154.
66) 이강욱, 문화관광축제의 영향 및 운영효율화 방안, 한국관광연구원, 1998: 41.

3. 축제의 평가방법과 시기

1) 축제평가방법

축제평가방법은 여러 가지로 다양하게 나타날 수 있으나 주로 쓰이고 있는 평가방법에 대한 선행연구를 보면, 우선 문화관광부의 축제평가모형을 들 수 있다.

문화관광부의 평가방법은 설문조사, 참관평가, 외래객 유치 조사로 되어 있고 내용은 공통평가와 선택평가로 나누어 평가를 실시하고 있으며, 중요도에 따른 가중치(factor loading)를 부여하고 있다.[67]

문화개혁을 위한 시민연대(2002)는 평가방법을 참관평가와 설문조사로 병행하여 실시하고 있으며, 내용은 준비평가, 시행평가, 사후영향평가의 3단계로 나누어 평가를 시행하고 있다.[68]

이태희(2003)는 평가방법으로 중요도·성취도 분석(Importance -Performance Analysis)을 사용하였으며, 우선 시정 노력(concentrate here), 지속적 노력 필요(keep up good work), 저우선순위(low priority), 과잉노력 지양(possible overkill)의 네 가지 분면으로 나누어 평가 결과를 분석하였다.[69]

이훈(2002)은 전문가가 직접 축제현장을 방문하는 참여관찰, 방문객의 시계열적인 특성을 조사하는 방문객 트레킹연구(tracking study)를 사용한 방문객 설문조사, 운영자와 자원봉사자의 면접조

67) 문화관광부, 문화관광축제 평가모형 개발, 2003: 29-35.
68) 문화연대, 2002 하반기 축제평가 보고서, 문화개혁을 위한 시민연대, 2002: 8-11.
69) 이태희, 축제브랜드경영론, 대왕사, 2003: 136-147.

사, FGI(Focus Group Interview)의 세 가지 방법을 조합하여 전체
적인 평가를 실시하는 삼각측량 평가방법(triangulation)을 제안하
였다.70)

한국지방행정연구원(1999)은 축제를 포함한 지역개발사업이나
프로그램 평가기법 혹은 수단은 평가의 초점이 어디에 있는가에
따라 평가목적에 부합하는 다양한 기법을 사용할 수 있으나 대체
적으로 재무분석, 경제성분석, 파급효과분석, 그리고 성과분석 등이
자주 이용된다고 하였다.

또한 재무분석은 자금흐름, 재원조달, 유동성계획을 위한 자금스
케줄의 작성 등이 포함되며 경제성분석은 비용·편익분석, 비용·효
과분석, 목표달성분석, 다기준 평가법 등이 있다.

파급효과분석은 경제적, 사회적 효과를 측정하는 것으로 산업연
관성분석이나 계량경제모형 등이 활용되고 있으며, 성과분석은 발
생한 결과를 측정하는 것으로 실태조사, 설문조사, 각종 통계적 분
석 등이 활용되고 있다.71)

이강욱(1998)은 설문조사, 면접조사, 참여관찰조사 등의 평가방
법을 사용하였으며, 효율적인 목표달성에 대한 분석을 통하여 기
획, 운영 부분을 평가하였고 산출, 소득, 고용효과 등을 통해 경제
적인 파급효과를 분석하는 방법을 사용하였다.72)

Allen, O'Toole, McDonnell & Harris(2002)는 참가자 수, 성별,

70) 이훈, 문화관광축제 평가방법연구, 2002 지역축제평가 및 활성화방안
   토론회 자료집, 50-52.
71) 한국지방행정연구원, 지방자치단체 지역개발사업의 평가체계 및 기법
   개발, 1999: 46.
72) 이강욱, 문화관광축제의 영향 및 운영효율화, 한국관광연구원, 1998: 3-4.

출신지, 소비패턴 등을 이용한 데이터 수집, 공연의 질이나 관객의
반응, 군중의 흐름과 요리 및 화장실 시설의 적합성 등을 조사하는
참여관찰 등을 평가방법으로 제시하였다. 또한 이벤트일정, 행사장,
입장권판매, 이벤트공연, 공연기준, 직원의 업무능력과 업무실적,
대중통제 등 축제에 관련된 항목을 축제관계자들에 의한 체크리스
트를 이용하여 피드백미팅, 방문객들의 설문조사 및 표본조사방법
을 제안하였다.[73]

〈표 2-5〉 축제와 관련된 평가방법에 대한 선행연구

논 자	평가방법/조사방법	내 용
문화관광부 (2003)	설문조사, 참관평가, 외래객 유치 조사	공통평가와 선택평가로 나누어 평가 중요도에 따른 가중치 부여(factor loading)
문화연대 (2003)	참관평가, 설문조사	준비평가, 시행평가, 사후영향평가
이태희 (2003)	중요도, 성취도분석 (Importance-Performance Analysis)	4가지 분면 ① 우선 시정 필요(concentrate here) ② 지속적 노력 필요(keep up good work) ③ 저우선순위(low priority) ④ 과잉노력 지양(possible overkill)
이훈 (2002)	삼각측량방식 (triangulation)	① 참여관찰 ② 설문조사(방문객, Tracking Study) ③ 면접조사(운영자와 자원봉사자, Focus Group Interview)
한국지방 행정연구원 (1999)	재무분석 경제성분석 파급효과분석 성과분석	① 자금흐름, 재원조달, 유동성계획 ② 비용편익 분석, 다기준평가법 ③ 산업연관분석, 계량경제모형 ④ 실태조사, 설문조사, 통계적 분석
이강욱 (1998)	설문조사, 면접조사 참여관찰조사	효율적인 목표달성에 대한 분석(기획, 운영) 경제적인 파급효과 분석(산출, 소득, 고용)
Allen et. al. (2002)	데이터 수집, 참여관찰, 피드 백미팅, 설문조사, 표본조사	참가자 수, 프로그램, 시설

73) Allen et al, *Festival & Special Event management*: Second Edition, 2002: 392-395.

논 자	평가방법/조사방법	내 용
Carlsen et. al. (2001)	경제적인 영향평가	수입승수(이벤트와 관련된 방문객), 고용승수, 투자수익률(ROI) 시계열 방식(time switching)
Watt (1998)	통계조사, 재정수익 참가자설문, 심층면접 출구조사, 외부 전문가 자문 초점고객조사, 스태프미팅	경성평가항목(hard criteria) 연성평가항목(soft criteria)
Getz (1997)	설문조사, 출입구조사 군중 수 추정, 참여관찰	마케팅관점(동기, 추구편익)과 영향평가 포함
Goldblatt (1997)	설문조사, 참여관찰 전화와 우편조사	훈련된 모니터요원이 점검목록에 평가내용 기재, 축제 후 기대치와 경험을 비교

자료: 학자들의 연구를 이용하여 논자 정리.

Carlsen, Getz, and Soutar(2001)는 이벤트의 평가연구에서 이벤트 방문객과 관련된 수입승수, 지역주민과 관련된 고용승수, 투자수익률(ROI) 등으로 경제적인 영향평가를 위주로 분석을 하는 방법을 제안하였으며, 시간의 간격을 두고 동일한 대상을 평가하는 시계열방식(time switching)의 평가방식도 제안하였다.[74]

Watt(1998)는 통계조사, 재정수익, 참가자설문, 심층면접, 출구조사, 외부 전문가 자문, 초점고객조사, 스태프회의 등의 방법을 평가방법으로 제안하였다.[75]

Getz(1997)는 마케팅과 영향평가를 포함하여 설문조사, 출입구조사, 군중 수 추정, 참여관찰 등의 평가방법을 사용하였으며,[76]

---

74) Carlsen, Getz, and Soutar, Event Evaluation Research, *Event Management* Vol.6, 2001: 251-253.
75) Watt, *Event Management in Leisure and Tourism*, Addison Wesley Longman, 1998: 76.
76) Getz, D., *Event Management & Event Tourism*, Cognizant Communication Corporation, 1997: 336-337.

Goldblatt(1997)는 설문조사, 참여관찰, 전화와 우편조사 등의 방법을 사용하였다.[77]

2) 축제의 평가시기

축제의 평가는 축제가 종료된 후에 주로 실시되지만 축제의 준비과정이나 실행과정, 그리고 종료 후의 평가시점까지 지속적으로 이루어진다. 일반적으로 축제의 평가는 사전평가, 실행평가, 사후평가로 이루어진다.

축제 개최의 타당성조사를 주된 목적으로 하는 사전평가는 축제 개최를 위해서 어떤 자원이 필요하며, 축제 개최의 진행 여부를 조사하는 평가라고 할 수 있다. 또한 사전평가는 일반적으로 잠재방문객의 축제에 대한 반응과 참가예상인원, 비용과 편익을 예측하는 조사내용을 포함하고 있다.

실행평가는 축제가 개최 중인 상태에서 참여관찰이나 심층면접 등을 통해 현재 실행되고 있는 축제에 대한 운영상의 문제점이나 개최종료 전 개선되어야 할 사항을 사전에 평가함으로써 효율적으로 개최비용을 줄일 수가 있고 좀더 정확한 평가를 할 수 있다는 장점이 있다.

사후평가는 가장 일반적인 형태로써 축제에 대한 통계 및 자료를 모아 축제목표와 관련하여 분석을 하게 된다. 주요 참가자와 주최자들의 피드백을 위한 회의를 소집하여 축제의 장·단점을 소집

---

77) Goldblatt, J., *Special Event: Best Practice in Modern Event Management*, John Wiley & Sons, Inc., 1997: 58-59.

하여 결과를 기록하며 참가자를 대상으로 설문조사를 실시한다. 참
가자의 만족도를 설문조사를 통해 확인하고 참가자의 지출 등도
조사하여 축제의 비용과 비교를 하는 데 사용될 수도 있다.

선행연구를 보면 이경모(2002)는 평가의 시기를 타당성평가
(formative evaluation), 진행평가(process evaluation), 종합평가
(summative evaluation)로 구분하였으며,[78] 김상태(1999)는 평가
대상의 주기와 성격에 따라 사전평가, 집행평가, 성과평가로 구분
하였다.[79]

서구의 연구에서 Getz(1997), Allen, O'Toole, McDonnell & Harris
(2002)는 평가의 시점을 사전평가(pre-event assessment), 실행평가
(monitoring the event), 사후평가(post-event evaluation)로 구분하
였다.[80]

4. 축제의 평가항목과 기준

1) 축제평가항목

많은 축제들이 그 성격에 있어 비영리적이어서 축제의 가치와
성공에 대한 다른 평가가 필요하다. 일반적으로 참가자의 수요에
관한 것이 최상의 평가로 이용되지만 방문객의 총지출, 방문객 대

---

78) 이경모, 이벤트학원론, 백산출판사, 2002: 323.
79) 김상태, 시·도 관광진흥평가시스템 개발, 한국관광연구원, 1999: 105.
80) Allen et. al., *Festival & Special Event management*: Second Edition,
    2002: 390-391/ Getz, D., *Event Management & Event Tourism*,
    Cognizant Communication Corporation, 1997: 336-337.

지역주민의 비율, 방문객의 체재기간, 혹은 첫 방문객과 재방문객의 비율도 의미 있는 축제평가항목이라고 볼 수 있다.[81]

축제의 평가항목은 축제의 내용과 규모에 따라 혹은 축제의 개최지역과 시기에 따라 다양하게 나타날 수 있다. 축제평가항목에 관한 선행연구를 보면 우리나라의 축제평가항목과 서구의 축제의 평가항목이 약간의 차이가 있음을 확인할 수 있다.

먼저 〈표 2-6〉과 〈표 2-7〉의 문화관광부(2003) 평가모형을 보면 문화관광축제의 평가항목을 크게 두 가지로 분류할 수 있다. 선정평가체계의 평가항목과 선정평가로 지정된 축제의 개최결과를 분석하는 사후평가체계의 평가항목으로 구분할 수 있다.

문화관광축제의 사후평가는 방문객 설문조사, 외래객 유치 실적조사, 문화관광부 참관평가로 구성되어 있다.

방문객 설문조사는 개최된 축제의 만족도와 축제 개최효과 등을 공통평가로 관광객비율, 관광객 지출비용, 사회적 영향, 문화적 영향, 환경적 영향 등을 선택평가로 구분하여 평가하도록 하였고, 공통평가와 선택평가의 비율은 각각 60%, 40%로 하며, 선택평가를 구성하는 세부비율을 지방자지단체가 정해진 한도 내에서 자율적으로 선택할 수 있도록 하였다.[82]

또한 참관평가항목에는 홍보 및 안내, 행사 진행 전반, 축제프로그램과 쇼핑 및 음식, 운영 및 주민참여, 외국인 관광객 수용태세, 숙박 및 연계관광 등 7개의 분류에 따른 30개의 항목을 포함하였다. 항목당 배점비율은 15%로 전체 7개 항목의 더한 값을 100%로 하였다.

---

81) Getz, D., Why Festivals Fail, *Event Management* Vol.7, 2003: 217.
82) 문화관광부, 문화관광축제 평가모형개발, 문화관광부, 2003: 53-76.

〈표 2-6〉 문화관광부(2003)의 사후평가 중 방문객 설문조사 세부 평가항목

구 분		내 용	반영비율예시
공통 평가	관광객 만족도	· 전반적인 행사의 구성, 축제장까지의 접근성, 주차장 · 화장실 등의 기본 편의시설, 사전홍보, 안내물 · 행사 요원의 친절, 전시 · 공연 프로그램, 체험프로그램, 음식의 맛 · 가격 · 서비스, 축제상품의 다양성과 품질, 전체적인 축제의 재미	60%
	소 계		60%
선택 평가	관광객비율	· 설문작성자의 현재 거주지를 기준으로 지역주민과 외부 관광객을 구분하고, 외부 관광객은 다시 타 지역 거주 내국인과 외국인 관광객으로 구분하여 관광객의 비율을 산출함. · 총 방문객 중 외부 관광객 비율을 7점 척도로 환산함 · 총 방문객의 재방문비율 산정	0-15%
	관광객 지출비용	· 해당 축제와 관련한 관광객의 1인당 지출액을 조사하되, 축제 개최지역에서 지출한 비용을 조사하고 지역주민, 외부 관광객으로 구분하여 정리함 · 조사항목은 식음료비, 쇼핑비, 유흥비, 교통비, 기타 등으로 나누어 조사함.	0-15%
	사회적 영향	· 지역의 이미지 고양 · 여가기회의 확대 · 교육기회 제공	0-20%
	문화적 영향	· 축제를 통한 지역문화 소개 · 축제를 통한 지역문화의 이해 정도	0-10%
	환경적 영향	· 지역문화 및 환경과의 조화 · 환경적 훼손 또는 보전적인 노력	0-10%
	소 계		40%
합 계			100%

자료: 문화관광부, 문화관광축제 평가모형개발, 문화관광부, 2003: 69-76.

〈표 2-7〉문화관광부(2003)의 참관평가 세부 평가항목

항 목	세부사항	배점비율
홍보 및 안내	정보 획득을 통한 행사장 접근의 편리성 홍보물 및 그 배포의 적절성 안내부스의 안내서비스 및 친절도 단위행사의 해설체계와 활용도 기타 필요 정보의 적절한 안내체계 셔틀버스 등 행사장 접근 운송수단	15%
행사 진행 전반	행사장 배치의 적정성 축제와 각 프로그램 구성의 적절성 축제공간 내의 휴식시설 및 장소의 배치 여부 주차장, 휴게실, 화장실 등	15%
축제 프로그램	대표 체험프로그램 개발 여부 독특한 지역문화 체험기회의 제공 여부 관광객의 호응도(참여도, 만족도)	15%
쇼핑 및 음식	외지, 지역상인의 활동 여부 지역특산품의 종류 및 판매 여부 상품 및 음식의 다양성 관광객 비용지출 정도 품질·서비스에 대한 관광객 만족도	15%
운영 및 주민참여	행사일정의 준수 문제 대처능력과 행사개선 의지 지역주민의 행사에 대한 만족도, 참여도 유관기관과의 협조상태	15%
외국인 관광객 수용태세	행사장 내 외국인 안내책자 전문통역 안내원 관련 사항 역, 터미널, 공항 등에 홍보물 배포	15%
숙박 및 연계 관광	연계 코스 이용의 편의성 숙박예약의 편의성 및 가격의 적절성 교통시설 이용의 편의성, 특히 대중교통 숙박시설의 이용정도	10%
합 계		100%

자료: 문화관광부, 문화관광축제 평가모형개발, 2003: 69-76.

〈표 2-8〉이강욱(1998)의 문화관광축제 평가기준 및 항목

관련 항목	배분비율	세부항목		기준점
축제행사의 구성 및 내용 (70)	35%	행사내용	독창성	7
			흥미성	7
			이해성	7
			충실성	7
			고유성	7
		개최시기		7
		개최기간		7
		개최횟수		7
		체험관광		7
		주민참여 프로그램		7
문화관광 자원 (30)	15%	자연지리		5
		지역특산물		
		역사문화		
		스포츠/레크리에이션		5
		관광 관련 문화행사		
		타 관광지와의 연계성		
관광수용체계 (20)	10%	접근성(안내체계)		2
		교통 주차시설		2
		숙박시설		6
		식당		2
		대중 휴게시설/편의시설		2
		공연시설		2
		인터넷홍보		2
		축제추진 인력조직의 구성		2
경제효과 (50)	25%	외국인 유치실적		25
		캐릭터 상품개발		15
		스폰서쉽 유치		10
사회문화 (10)	5%	안전성 및 범죄		5
		외국과의 연계성		5
환경·기술 (10)	5%	환경보호 프로그램		5
		축제 후 쓰레기규모		5
기타 (10)	5%	지자체의 축제 개최의지		5
		연구개발 및 전문인력		5
총 계				200

자료: 이강욱, 문화관광축제의 영향 및 운영효율화, 한국관광연구원, 1998: 116-117.

이강욱(1998)은 〈표 2-8〉에 나타난 바와 같이 축제의 영향분석 및 운영효율화를 위한 체계적인 분석모형의 설정과 평가를 위한 방법론을 제시하였으며, 크게 영향에 대한 평가와 기획운영의 효율화에 대한 평가로 구분하였다.[83] 영향에 대한 평가는 첫째, 경제적 영향분석으로 산출파급효과, 소득파급효과, 고용파급효과, 경제영향에 대한 인지도 측정을 하였다.

둘째, 사회문화에 대한 영향평가는 사회문화교류, 지역주민의 문화향수 제고, 지역이미지, 지역문화 정체성을 평가하였다.

셋째, 환경·기술 영향평가에서는 축제로 인한 자연환경 훼손, 환경오염, 소음과 기술진보 등을 평가하였다.

기획·운영 효율화평가에는 관광수용체계, 홍보, 행사의 운영, 행사내용 등을 평가하였다.

배만규(2002)는 관광의 경제적 효과측정에 치중된 경향에서 벗어나 선행연구에서 사용된 평가지표들을 바탕으로 직접 현장조사와 전문가 자문을 통해 도출한 평가속성의 표준화를 시도하고자 하였다.

이 연구에서 〈표 2-9〉에 나타난 바와 같이 축제의 일반적 현황 9개 항목을 포함하여 지역축제 개최결과의 표준평가속성과 관련된 선행연구 고찰을 통해 도출된 7개 평가속성 80개의 평가항목을 도출하였다.

80개 항목 중 전문가 자문을 통해 15개 항목이 제외된 7개 평가속성 65개 평가항목을 도출하였고, 각각의 항목에 대한 중요도 평가

---

83) 이강욱, 문화관광축제의 영향 및 운영효율화, 한국관광연구원, 1998: 116-117.

를 하여 속성별 평가점수를 부여하였다. 요인분석을 통해 홍보성,
이용편리성, 참여성, 외국인 수용성, 이미지, 경제성의 7가지 요인으
로 분류하여 각각의 중요도에 따라 차등하여 점수를 부여하였다.

특히 축제평가항목 중 행사의 짜임새, 편의시설 이용의 용이성,
볼거리의 다양성, 주차이용 편리성, 정보시설 이용, 바가지요금, 상
품판매가격 등 기본적인 6~7개의 항목을 제외한 나머지 항목들은
각 축제 특성을 반영한 평가항목을 사용하였다.

〈표 2-9〉 배만규(2002)의 축제 개최결과 평가항목

평가속성	평가항목
홍보성 (14)	사전홍보(역, 공항, 터미널) 정도, 안내 자료(팜플렛 등) 다양성, 광고활동, 홍보범위(지역, 전국), 축제장 안내요원 수, 축제장 안내시설
이용 편리성 (12)	각종 시설 이용편리성, 휴식공간의 크기, 판매음식의 위생 및 맛, 판매상품 및 음식의 적정한 요금, 볼거리의 다양성, 놀거리의 다양성, 살거리의 다양성, 먹을거리의 다양성, 지역특산물의 구색 및 판매, 축제장연계 및 교통수단의 다양성, 주차편리성, 행사장 접근 동선의 편리성
참여성 (18)	총 방문객의 수, 지역주민 방문객의 수, 외지인 방문객의 수, 재방문객비율, 프로그램 참여의 용이성, 색다른 관습과 문화의 체험, 지적호기심 충족의 교육성, 숙박시설 수, 셔틀버스운행
외국인 수용성(9)	외국인 방문객 수, 통역안내원 상설배치, 외국인을 위한 안내 자료의다양성, 외국인을 위한 숙박시설의 다양성
운영성 (15)	축제의 짜임새와 진행 정도, 일정 및 시간준수 정도, 축제 관련 전문인력 보유 정도, 문제 대처능력 정도, 행사개선 노력 정도, 축제장의청결성, 축제장의 질서유지상태, 행사장배치의 효율성, 자원봉사자 수,축제 유관기관의 협조 정도, 축제주제와 프로그램의 일치성, 전시·공연프로그램의 이해 용이성, 전시·공연프로그램의 독창성
이미지 (12)	지역관광이미지 부각 정도, 축제 개최횟수, 축제의 지명도, 축제의 독특성, 전통문화(향토성) 이미지 반영 정도, 관람객분위기 및 호응도,주민의 친절성, 차후 행사 재방문의사, 타인참여 권유의사
경제성 (20)	축제 총매출액, 1인당 지출액, 지역경제 활성화 기여도 정도, 지역상권의 참여도 정도, 축제스폰서 유치 정도

주: 괄호 안의 숫자는 각각의 평가속성에 관한 점수를 나타냄.
자료: 배만규, 지역축제 개최결과의 표준평가속성 개발, 관광연구, 17(1), 2002: 185.

Carlsen, Getz, and Soutar(2001)은 축제의 평가항목을 크게 사전평가항목과 사후평가항목으로 분류하였으며 각각의 평가항목은 〈표 2-10〉과 같다.

〈표 2-10〉 Carlsen, Getz, and Soutar(2001)의 평가항목

사전평가 (pre-event evaluation)	사후평가 (post event evaluation)	평가의 방법 (evaluation methodology)
잠재적인 리스크 노출	국가적인 경제적 영향	이벤트 개최의 비용
성공가능성	주 단위의 경제적인 영향	이벤트와 관련된 방문객
행사장의 호환성	시 단위의 경제적인 영향	수입승수
행사장의 수용력	외극인 방문객의 수	(income multiplier)
행사장의 적합성	내극인 방문객의 수	고용승수
이벤트 개최시기	객실점유율	투자수익률(ROI)
재정적인 지원의 수준	방문객의 직접소비	산출승수
성장가능성	미디어의 노출 정도	(output multiplier)
지역지원의 수준	긍정적인 지역주민의 태도	경제적인 모델
이벤트관리자의 능력	재정적인 결과(수익, 손실)	시계열 방식
잠재적인 지역의 편익	문제해결능력	(time switching
지역명성의 강화	스폰서의 만족	-related to event)
잠재적인 지역사회의 혜택	고용창출	지역주민에 의한 이벤트
개최지의 혜택(스포츠, 문화적)	비용-편익의 분석	와 관련된 비용
환경의 영향	환경적인 영향	
참가자의 예측	지역사회의 사회문화적 영향	
경제적 영향	방문객에 대한 친절	
고용창출	기반시설 개선	
지역이미지와의 일치	도시 재개발	
스폰서쉽의 가능성	명성(Prestige)	
미디어의 영향	이미지 강화	
기반시설의 촉매	전체 참가자 수	
다른 이벤트와의 연계	미래의 이벤트 개최의 가능성	
현재 장소에서의 정기적인 개최	높은 자원봉사의식과 전문성	
	지어진 시설의 미래의 사용	

자료: Carlsen, Getz, and Soutar, Event Evaluation Research, *Event Management* Vol.6, 2001: 251-253.

잠재적인 리스크 노출, 축제의 성공가능성, 행사장의 적합성, 행사장의 수용력, 이벤트의 개최시기, 재정적인 지원의 수준, 성장가능성,

잠재적인 지역의 편익, 이벤트관리자의 능력, 지역이미지와의 일치, 스폰서쉽의 가능성, 기반시설의 촉매, 다른 이벤트와의 연계, 현재 장소에서의 정기적인 개최 등 24개의 항목을 사전평가항목으로 포함하였다.

또한 사후평가항목으로 국가적인 경제적 영향, 내외국인 방문객의 수, 문제해결능력과 스폰서의 만족, 비용-편익의 분석, 문제해결능력, 미디어의 노출 정도, 지역주민의 긍정적인 태도, 객실점유율, 방문객의 직접소비, 방문객에 대한 친절, 환경적인 영향, 기반시설 개선, 이미지 강화, 참가자 수, 높은 자원봉사의식과 전문성, 지역사회의 사회문화적인 영향, 지어진 시설의 미래의 사용 등의 25개 항목을 포함하였다.

Crompton & Love(1995)의 축제평가항목은 〈표 2-11〉에 나타난 바와 같다.

축제의 품질 평가항목으로 관광·홍보요인은 개최지역의 역사적인 외관 등을 평가하였으며, 프로그램 항목으로 공연자의 수준, 장치장식, 캐릭터들의 퍼레이드, 실내공연 등을 포함하였다.

또한 시설적인 측면으로 행사장의 안전성, 화장실의 청결, 앉아서 쉴 수 있는 장소의 수, 축제장의 청결 등을 포함하였고 운영적인 측면에서 축제장소와 공연정보를 제공하는 안내부스와 축제장에서의 위치를 나타내는 안내도를 포함하였다.

음식에서는 식음료의 질과 영국 전통음식의 이용가능성을 포함하였고 쇼핑에서는 부스에 있는 기념품의 다양성, 쇼핑 관련 종업원의 친절항목을 포함하였다.[84]

---

84) Crompton & Love, The Predictive Validity of Alternative Approaches to Evaluating Quality of a Festival, *Journal of Travel Research*, Summer, 1995: 20.

Allen, O'Toole, McDonnell & Harris(2002)는 축제품질 평가항목으로 홍보 및 관광에서 이벤트시기, 홍보, 미디어연계, 스폰서관리 등을 포함하였으며, 프로그램에서 이벤트성 공연, 무대공연 수준 등을 포함하였다.

또한 시설적인 측면에서 주차, 교통, 안내표지판, 화장실, 응급시설을 포함하였으며, 운영적인 측면에서 입장권판매 및 입장절차, 직원의 업무능력과 실적, 커뮤니케이션 시스템, 대중통제, 미아관리, 개최준비, 음식시설 등을 포함하였다.[85]

〈표 2-11〉 Crompton & Love(1995), Allen et. al.(2002)의 축제품질 평가항목

구 분	Crompton & Love(1995)	Allen et al(2002)
관광, 홍보	Strand 역사지역의 시각적 외관 스코틀랜드 산 말(The Clydesdale horses)	이벤트시기, 스폰서관리, 홍보 광고, 미디어연계
프로그램	공연자의 수준, 중앙크리스마스 트리(장식) 캐릭터들의 Dickens 퍼레이드 핸드벨 축제 (The Handbell Festival) 실내공연, Dickens의 책에 나오는 캐릭터쇼	이벤트성 공연(staging) 무대공연수준
시설	축제장소의 안전성, 이동식화장실의 청결 앉아서 쉴 수 있는 장소의 수, 축제장의 청결 화장실의 이용가능성, 장식전등	행사장, 주차, 교통정보 및 안내표지판 화장실
운영	축제장소와 공연정보를 제공하는 안내부스 축제장에서 위치를 나타내는 안내도 (street maps)	입장권판매 및 입장절차 직원의 업무능력과 실적, 보안, 커뮤니케이션, 대중통제, 응급시설, 미아관리, 개최준비
음식	식음료의 질 영국전통의 음식 이용가능성	음식시설
쇼핑	Strand 쇼핑 종업원의 친절도 부스에 있는 기념품의 다양성	

자료: Crompton & Love, The Predictive Validity of Alternative Approaches to Evaluating Quality of a Festival, Journal of Travel Research, Summer, 1995: 20/ Allen et. al., Festival & Special Event management: Second Edition, 2002: 396.

85) Allen et. al., *Festival & Special Event management: Second Edition*, Wiley, 2002: 394.

〈표 2-12〉 Getz(1997)의 미시 평가항목에 대한 자료와 측정방법

	구 분	데이터 유형	세부측정항목	측정방법
미시적요인	참가자 수	총 참가자 수 프로그램별 참가자 수	총 방문객 수 총 방문횟수 회전율(turnover) 최대 참가자 수	입장권 판매 출입구조사 차량조사 군중 수 추정 표본집단조사
	방문객 프로필	방문객프로필	나이, 성별, 직업, 학력, 소득	방문객 설문조사 표적시장조사 직접관찰
		동반자 유형	가족, 친구, 혼자, 단체	
		동반자 수	여행 동반자 수	
	시장과 여행유형	거주지	국가, 지역, 도시	방문객 설문조사
		여행목적	여행, 이벤트 참여	
		여행의 유형	숙박일수, 패키지 사용 여부	
		교통편	교통편	
	마케팅, 동기	정보원천	미디어, 구전 (Word-of-mouth)	방문객 설문조사
		여행동기	지역을 방문, 이벤트를 참석 여행동기에서 이벤트의 중요도 첫 방문과 재방문	
		추구편익	추구하는 경험, 활동, 상품, 서비스	
		만족도	만족과 불만족 향후 개선을 위한 제안 재방문의사	방문객 설문조사 제안함
	활동과 비용	참여활동	참여한 프로그램, 장소	방문객 설문조사 출입구 조사 입장권판매
		이벤트 외 참여활동	개최지역에서의 활동	참여관찰, 업무조사 재정적 기록
		비 용	이벤트 참여와 여행 중에서의 숙박, 식음료, 기념품, 쇼핑, 관광	
거시적요인	사회·문화 적 영향	환경 관련 영향	공해유발, 환경보존 동식물 서식지 손실	관측 환경영향조사
		사회·문화적 영향	지역주민의 태도 전통의 유지 및 변화 생활시설의 개선 또는 악화 범죄발생의 변화 인구의 유입 및 감소 물가의 변화	주민설문조사 공청회 경찰통계
	경제적 효과	직접효과	행사장 내 수입, 지역사회수입 세수의 변화	방문객 설문조사 세무통계
		간접효과	2차적 경제유발효과, 수입승수	수입승수
		고용효과	정규직과 일시고용, 간접 고용효과	고용승수
	비용과 수익 평가	유·무형의 비용과 수익	수익에 대한 비용(유형) 전체 가치에 대한 정성적 평가	

자료: Getz, D., *Event Management & Event tourism*, Cognizant Communication Corporation, 1997: 336-337의 자료를 논자 정리.

Getz(1997)는 〈표 2-12〉에 나타난 바와 같이 미시적 요인으로
총 방문객 수, 회전율(turnover), 최대 참가자 수, 방문객프로필, 시
장과 여행유형을 포함하였으며, 정보원천과 여행의 동기, 추구편익,
만족도 등의 마케팅과 동기에 관련된 내용과 참여한 프로그램, 이
벤트 참여 중의 숙박, 식음료, 쇼핑, 관광 등의 지출비용에 관한 내
용을 평가항목에 포함하였다.[86]

거시적인 요인으로 공해유발, 동식물 서식지 손실 등의 환경적
영향, 지역주민의 태도, 물가의 변화 등의 사회문화적 영향을 평가
항목에 포함하였다.

또한 행사장 내 수입, 지역사회 수입, 세수의 변화 등의 직접효
과와 2차적인 경제유발 효과인 간접효과, 고용효과 등을 포함한 경
제적 효과 유무형의 비용과 수익에 관한 평가를 거시적인 요인에
포함하였다.

위와 같은 평가항목에 대한 선행연구의 연구결과에 따라 공통적
인 항목과 개별 항목으로 정리하였다. 공통적으로 포함하고 있는
항목, 서구의 연구결과에 나타나는 평가항목, 우리나라의 연구결과
에 나타나는 항목을 〈표 2-13〉에 나타내었다.

공통적으로 나타나는 항목으로는 참가자 수, 개최시기와 같은 관광
의 요인과 공연프로그램의 수준과 같은 프로그램요인, 화장실, 응급
시설, 미아보호소 등의 시설요인과 안내판, 축제정보와 같은 운영에
관련된 요인, 식음료의 품질과 쇼핑의 편리성, 쇼핑 관련 종업원의
친절과 같은 식음료요인이 나타나고 있다. 또한 지역이미지 제고, 지

---

86) Getz, D., *Event Management & Event Tourism*, Cognizant
Communication Corporation, 1997: 336-337.

역사회의 경제·사회문화적인 영향, 축제 후 쓰레기 처리나 환경 관련 프로그램 같은 환경과 관련된 내용이 공통적으로 나타나고 있다.

　서구의 평가항목에서 특이하게 나타나는 항목은 잠재적인 리스크 노출, 문제(risk)해결능력, 다른 이벤트와의 연계, 행사장의 적합성, 축제의 성공가능성, 축제 관리자의 능력과 경력, 스폰서의 만족, 지어진 시설의 사용 등이 나타나고 있다. 우리나라의 평가항목에서 특이하게 나타나는 항목은 주민참여도, 체험프로그램, 주차의 편리성, 행사장까지의 접근성, 주차의 편리성, 인터넷홍보, 외국인 유치실적, 축제 개최의지, 숙박 관련 내용, 유관기관과의 연관성 등을 들 수 있다.

〈표 2-13〉 선행연구에 따른 평가항목

구　분	분　류	항　목
공통적인 평가항목	관광, 홍보	참가자 수, 미디어 노출빈도
	프로그램	공연의 수준
	운　영	안내판, 응급시설, 미아보호소
	시　설	화장실,
	환경 관련	쓰레기 처리
	음식, 쇼핑	쇼핑종업원의 친절, 음식의 질
	지역 관련	지역이미지 제고, 사회문화적 영향
서구의 평가항목	관광, 홍보	다른 이벤트와의 연계
	프로그램	공연자의 수준
	운　영	문제(risk)해결능력, 대중통제축제 관리자의 능력과 경력스폰서의 만족
	시　설	지어진 시설의 사용, 행사장의 적합성
우리나라의 평가항목	관광, 홍보	인터넷홍보
	프로그램	체험프로그램, 주제프로그램
	운　영	축제 개최의지
	시　설	숙박시설, 주차시설, 행사장까지의 접근성

　자료: Carlsen, Getz, and Soutar, *Event Evaluation Research*, Event Management Vol.6, 2001: 251-253./ Crompton & Love, The Predictive Validity of Alternative Approaches to Evaluating Quality of a Festival, *Journal of Travel Research*, Summer, 1995: 20./ Allen et. al., *Festival & Special Event management*: Second Edition, 2002: 396./ Getz, D., *Event Management & Event tourism*, Cognizant Communication Corporation, 1997: 336-337을 이용하여 논자 정리.

2) 축제평가항목에 대한 비교

선행연구의 연구결과에 따라 각각의 평가항목의 유무와 빈도에 따르는 중요도, 그리고 공통적으로 포함하고 있는 항목, 서구의 연구결과에 나타나는 평가항목, 우리나라의 연구결과에 나타나는 평가항목을 정리하였다.

〈표 2-14〉 각 선행연구에 따른 요인별 평가항목

구 분	항 목	문화관광부(2003)	문화연대(2002)	배만규(2002)	정강환(2000)	이강욱(1998)	Allen(2002)	Carlsen(2001)	Getz(1997)	Crompton & Love(1995)
미시적 요인	기 획		◎							
	홍 보	◎	○	◎	○	○	◎	◎	○	
	관 광	○		○		◎	○			
	프로그램	○	◎			◎			○	◎
	시 설	◎	○	○	○	◎	◎	○		◎
	운 영	○	○	◎	○	○	◎	○	○	○
	음 식	○	○		◎		○			
	쇼 핑	○		○	◎					○
	숙 박	○		○						
	지출비용	○	○	○	○			○		
	지역주민	○	○							
	스폰서 관련					○	○	○		
	리스크관리	○		○				○		
거시적 요인	경제적 영향	○	○	○		○		◎	◎	
	사회문화적	○	○						◎	
	환경적 영향	○	○			○			◎	

◎: 평가세부항목이 5개 이상, ○: 항목 있음, 공란: 항목 없음
자료: 평가항목에 관한 위의 선행연구를 이용하여 논자 정리.

평가항목과 중요도에 관한 부분에서는 각 요인들에서 5개 이상 항목이 포함되어 있는 요인을 따로 나타냈고 항목이 있는 부분은 있음과 없음으로 구분하여 분류를 하였다.

평가항목의 유무를 보면 홍보, 프로그램, 시설, 운영 등의 항목이 대부분 포함하고 있었으며, 음식, 쇼핑, 경제적인 영향에 관한 내용도 포함되어 있다. 문화관광부 평가항목에서는 제시된 항목이 대부분 포함되어 있었으나 스폰서관리 등의 항목은 제외되었고 프로그램에 관한 항목이 홍보나 쇼핑, 음식보다 적게 나타나고 있다.

세부적인 평가항목의 빈도수를 보면 홍보의 항목이 각 논자의 평가항목에서 많이 나타나고 있으며, 프로그램에 대한 항목과 시설에 대한 항목도 비교적 많이 나타나고 있다.

3) 축제평가항목에 대한 기준

기준은 지표와 유사한 개념으로 어떤 사상의 속성이나 상황을 가장 잘 나타내는 척도(measure of scale)를 말한다.

평가기준은 평가를 위한 지표를 의미하며, 지표의 정의, 평가산식, 평가기준치, 등급구간 및 가중치 등 5가지를 기본요소로 한다.[87]

지표의 정의는 지표에 사용된 개념을 정의하고 평가대상과 구체적으로 연계시키는 작업이다. 평가산식은 평가지표의 구체적 측정방법을 서술하는 것이며, 평가기준치는 결정된 산식에 따라 계산하여 어느 정도인지를 평가기준으로 설정하여야 할 것인가에 대한 설명이다.

등급구간은 평가결과 기준치를 상회할 경우, 단순히 합격한 것으

---

[87] 한국행정연구원, 정보통신정책 지표개발에 관한 연구, 1992: 33-36.

로 평가할 것인가 아니면 이를 등급화할 것인가에 대한 설명이다. 가중치는 각 지표의 점수를 종합할 때 각 지표 간 평가비중을 어떻게 줄 것인가의 문제이다.

평가지표는 측정가능성, 개선가능성, 관리가능성, 상대적 중요성, 충분성과 비교 가능성의 6가지 속성을 가지고 있다. 첫째, 측정가능성은 평가의 객관성을 확보할 수 있도록 측정방법에 대한 심층적인 분석이 이루어져 실제 측정가능한 지표로 구성하여야 한다. 둘째, 개선가능성은 해당 항목의 과정과 성과를 개선할 수 있는 개선잠재력이 높은 분야의 거선을 촉진하도록 설계하여야 한다.

셋째, 관리가능성은 평가의 통제범위 내의 활동을 대상으로 하여야 하며, 넷째, 충분성은 성과를 충분히 평가할 수 있도록 중복평가나 상호 모순되는 지표가 없어야 한다. 다섯째, 상대적 중요성은 평가지표의 종류 및 수의 적정성은 평가목적, 대상 등에 의하여 달라질 수 있기 때문에 지표의 종류는 제한될 수밖에 없다. 여섯째, 비교 가능성은 평가지표는 원칙적으로 계속성을 유지하여 연도별 성과와 개선 정도를 비교할 수 있어야 한다.[88]

축제의 평가항목은 계량적인 내용과 질적인 내용이 모두 포함되어 있기 때문에 일괄적인 지표를 적용하는 데에는 어려움이 있다. 또한 항목에 따라서 질적인 내용과 양적인 내용을 포함하는 항목도 있기 때문에 특정 항목의 경우 두 가지 이상의 지표를 적용해야 하는 어려움이 있다.

따라서 평가항목에 따른 일괄적인 기준을 적용하거나 그룹에 의

---

88) 민철구 외, 출연기관 평가모델 개발연구, 정부기술정책 관리연구소, 1994: 24-31.

한 일괄적인 항목을 적용하는 데에는 한계가 있을 수 있으며, 항목별 기준을 적용하는 것이 필요하다.

평가의 항목에 있어서 체험프로그램이나 주제 관련 프로그램은 프로그램의 유무로, 참가자의 호응, 음식 관련 종업원의 친절은 5점 척도를 적용할 수 있다. 화장실 시설 등은 관리상태에 대한 5점 척도를 적용하고 전체 참가자 수 대비 화장실의 개수 등의 양적인 척도를 적용할 수 있다.

진주유등축제 전경

제3절 축제평가체계의 개발절차

1. 축제평가의 요소

축제평가의 요소로 객관성과 합리성, 연속성을 들 수 있다.[89]

---

89) 민철구 외, 출연기관 평가모델 개발연구, 정부기술정책 관리연구소, 1994:

 객관성(objectivity)은 주관의 작용이나 영향을 받지 않는 보편타당
성, 제삼자적인 처지에 서는 성질로서 주체들 사이의 일치적인 문제와
대상과의 일치적인 문제와 관련된 개념으로써,[90] 평가자에 따라 평가
의 내용이 상이하게 나타날 경우 객관성의 문제가 발생할 수 있다.
 평가자에 따라 주관적인 견해가 평가에 작용하는 것을 최소화하
기 위하여 각각의 평가항목을 최대한 계량화하면 할수록 객관성을
확보할 수 있다.

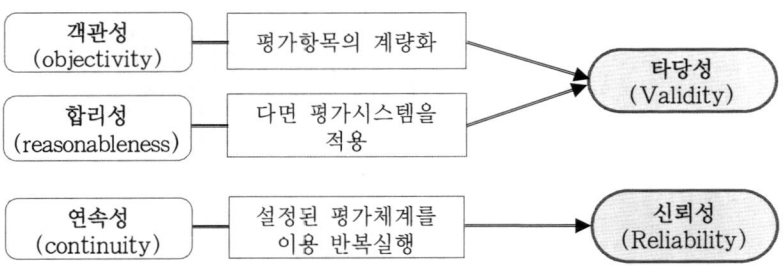

자료: 민철구 외, 출연기관 평가모델 개발연구, 정부기술정책 관리연구소, 1994:
      24-31을 토대로 논자 작성.

[그림 2-4] 평가의 요소

 합리성(reasonableness)은 형평성, 정당성을 포함하는 개념이며,
논리의 법칙이나 과학적 인식에 맞는 성질로서 능률적으로 행하여
지고 행위가 목적에 맞는 것을 의미한다.[91] 따라서 축제의 평가는
특정집단에 유리하게 영향을 주거나 평가의 목적에서 벗어나지 않
아야 한다. 합리적인 평가를 위해 다면평가시스템을 이용하여 평가

 24-31.
90) 이명현, 객관성에 토대어 관한 성찰, 한국철학학회지, 1996: 93.
91) 새국어사전, 동아출판사, 2002.

주체의 합리성을 확보하고 항목에 따른 가중치를 부여하여 중요도
와 우선순위를 결정한다.

객관성과 합리성은 타당성(validity)의 문제로 타당성은 측정도
구 자체가 측정하고자 하는 개념이나 속성을 정확히 반영할 수 있
어야 하는 것으로써.92) 타당성은 축제평가에 있어 중요한 논리적
인 요소가 된다.

정확성(accuracy)은 축제평가에 있어 점차적으로 중요성이 강조
되고 있으며, 정확한 측정방법의 개발이 요구되고 있다. 따라서 입
장권 판매 수, 출입구조사, 설문조사 등 다각적인 방법을 조합하여
사용할 필요가 있으며, 특히 정확한 데이터의 접근이 가능한 주최
자에 의한 평가의 필요성이 제기되고 있다.

연속성(continuity)은 지속적이고 반복적인 개념으로 축제의 평
가는 축제기획의 수립과 집행에 있어서 계속적으로 수반되는 과정
의 연속이다. 또한 축제의 근본적인 목적은 축제사후에 평가를 통
하여 얻은 정보를 토대로 보다 나은 정책결정과 집행을 수행하는
데 도움이 되게 하는 과정이기 때문이다.93) 따라서 설정된 평가체
계를 이용하여 반복적으로 실행함으로써 문제점을 파악하여 개선
하는 것이 평가의 주된 목적이라고 볼 수 있다.

정확성과 반복성은 신뢰성(reliability)의 문제와 관련된 것으로
신뢰성이란 안정성(stability), 일관성(consistency), 예측가능성(pre-
dictability), 정확성(accuracy), 의존가능성(dependability) 등으로 표
시될 수 있는 개념이다.94) 즉 신뢰성이란 비교 가능한 독립된 측정

---

92) 채서일, 사회과학조사방법론, 학현사, 2002: 253.
93) 전동훈, 김창문, 정책론, 형설출판사, 2000: 341-342.
94) 채서일, 사회과학조사방법론, 학현사, 2002: 241.

방법에 의해 대상을 측정하는 경우, 결과가 비슷하게 되는 것을 의미하며, 축제평가에서 평가기관이 바뀌어도 같은 평가결과가 나올 수 있도록 일관성 있고 체계적인 평가체계가 되어야 함을 의미한다.

2. 축제의 다면평가시스템(Multi-face evaluation)

1) 축제의 이해 관련 집단(stakeholders)

축제의 개최에 있어 중요한 문제는 축제의 이해 관련 집단을 만족시켜야 한다는 점이다. 축제의 이해 관련 집단(stakeholders)은 축제의 성공적인 개최를 위한 관심을 갖고 있거나 투자를 한 기관이나 단체, 개인을 가리킨다. 스태프(staff)와 자원봉사자, 투자자와 후원자, 행정기관과 시설관리자, 지역주민, 참가자, 기타 관련자들을 포함한다.[95]

주최자의 관점에서 이해 관련 집단(stakeholders)은 축제의 성공적인 개최라는 동일한 목표를 갖고 있으므로 축제의 개최기간 동안에 주최자의 파트너가 된다.

축제의 이해 관련 집단(stakeholders)은 크게 두 가지로 나눌 수 있다 외부·관계자와 내부 관계자로 나눌 수 있으며, 또한 각각의 역할에 따라 후원자, 참가자, 운영자, 주최자로 나누어진다.

---

95) Douglas et. al., *Special Interest Tourism*, John Wiley & Sons Australia, 2001 : 370-371.

(1) 후원자(sponsors)

중앙정부나 외부 스폰서업체를 말하며 외부 관계자로 분류된다. 중앙정부는 축제에 관련된 재정지원의 효율적인 운영을 위하여 축제조직위원회나 축제를 대상으로 보상을 위한 평가를 실시하며, 외부 스폰서업체는 투자한 재원에 대한 스폰서의 효과를 평가한다.

(2) 참가자(participants)

참가자는 방문객(visitors)과 지역주민(residents)으로 나누어진다. 외부 방문객은 외부 관계자로 분류되며 지역주민은 내부적인 관계자로 볼 수 있다.

또한 지역주민은 참가자인 동시에 주최자의 역할도 겸하게 되며 내부 관계자로서 외부 방문객과 상대적인 입장이 될 수 있다. 참가자는 주로 설문조사에 의해 만족도와 서비스품질에 대한 평가를 실시한다.

(3) 주최자(organizers)

주최자는 내부 관계자이며 지방자치단체나 축제조직위원회를 말한다. 축제를 담당하는 공무원이나 축제조직위원회의 상근관리자, 임시직의 조직위원회 관계자를 포함한다. 축제의 평가대상이 되기도 하고 축제를 평가하는 주체가 되기도 한다.

(4) 운영자(operators)

운영자는 축제에서 실제로 축제를 운영하는 집단으로 전시 등에 부스를 임대하여 참가하는 외부 참가업체, 축제의 일부 또는 전부를 위탁받아 대행하는 외부 대행사, 공연 등에 참가하는 외부 출연단체를 말하며 외부 관계자로 분류한다.

또한 지역문화예술단체, 지역 내 기업, 지역의 언론, 지방의회 등은 내부 관계자로 구분한다. 운영자집단은 실무적인 이해관계가 복잡하게 관련되어 있으므로 객관적인 평가가 어려운 단점을 가지고 있다.

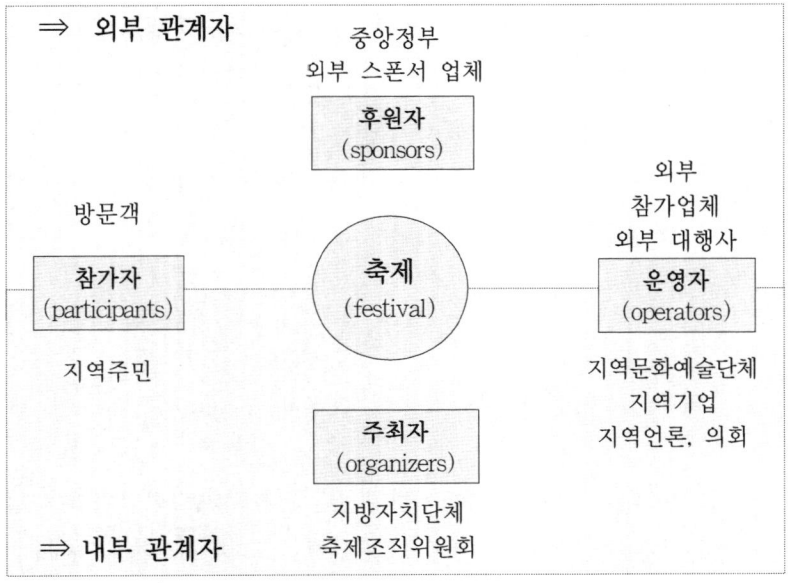

자료: 김상태, 시·도 관광진흥평가시스템 개발, 한국관광연구원, 1999: 99의 자료를 참고로 논자 작성.

[그림 2-5] 축제의 이해관계자(stakeholder)

2) 축제의 다면평가시스템(Multi-faces evaluation system)

다면평가는 1990년대부터 기업의 합리적인 인사평가를 목적으로
널리 사용되고 있으며, 미국의 Fortune지 선정 1000개 기업의 90%
정도가 부분적으로 활용할 정도로 일반화되어 있다.

360도 다차원의 평가방식으로 다양한 평가 주체가 참여하며 타
당성과 신뢰성이 높아지고 피평가자의 수용성이 증대되는 특징을
가지고 있다.[96]

기존의 하향식의 평가가 단편적인 시각을 통한 평가로 객관성결
여와 충분한 평가가 부족하다는 점에 비해 다면평가는 업무수행을
다각적인 관점으로 평가하여 평가의 정확성과 객관성을 확보하고
또 더욱 풍부한 피드백을 통하여 평가 객체의 육성과 업적향상에
기여할 수 있다는 점에서 많은 기업들이 도입하고 있다.[97]

축제의 평가에 있어 그동안 외부 전문가에 의한 평가는 일반적으
로 이루어졌으나 축제 이해 관련 집단에 의한 다면적인 평가는 비
교적 이루어지지 않고 있다. 따라서 주최자와 외부 전문가가 평가
한 내용이 전혀 다른 결과를 나타내거나 일면적인 측면에서 외부
전문가가 평가를 하다 보니 방문객이나 지역주민이 느끼는 축제의
품질과 전혀 다른 수치가 나오는 경우도 있다. 또한 정확한 데이터
의 접근이 어려워 객관적이고 합리적인 결과를 얻기 어려웠다.

---

96) 홍길표, 다면평가의 설계와 결과활용, IBS컨설팅, 2003: 32-33.
97) 이상희, 다면평가제도의 효과성에 관한 연구, 이화여자대학교 석사학
   위논문, 2001: 1-2.

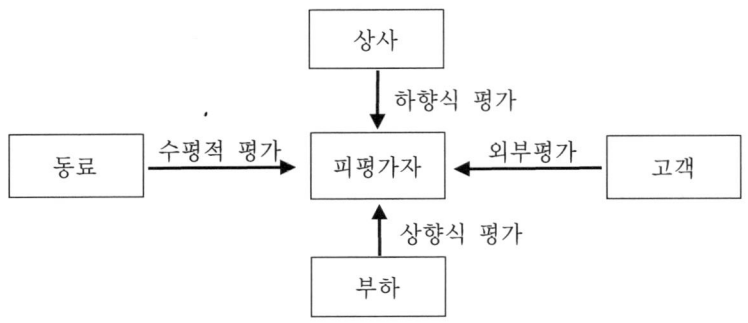

자료: 홍길표, 다면평가의 설계와 결과활용, IBS컨설팅, 2003: 34.

[그림 2-6] 기업의 다면평가 시스템

따라서 합리적이고 객관적인 축제의 평가를 위해서 외부 전문가
와 주최자, 방문객과 지역주민이 함께 평가하는 다면적인 평가시스
템의 도입이 필요하다.

축제의 다면평가시스템은 기업의 평가와는 다른 차원이 있다. 각
각의 집단이 공통적으로 평가해야 할 항목과 각각의 집단이 개별
적으로 평가해야 할 항목이 있다.

목적과 목표가 다른 집단에게 동일한 평가항목과 기준을 적용하
는 데에는 한계가 있다. 평가자의 시각과 환경에 따라 다른 평가를
할 수 있고 항목에 따라 객관성의 문제가 제기될 수 있으며, 정확
한 데이터의 접근이 어려운 경우도 있다.

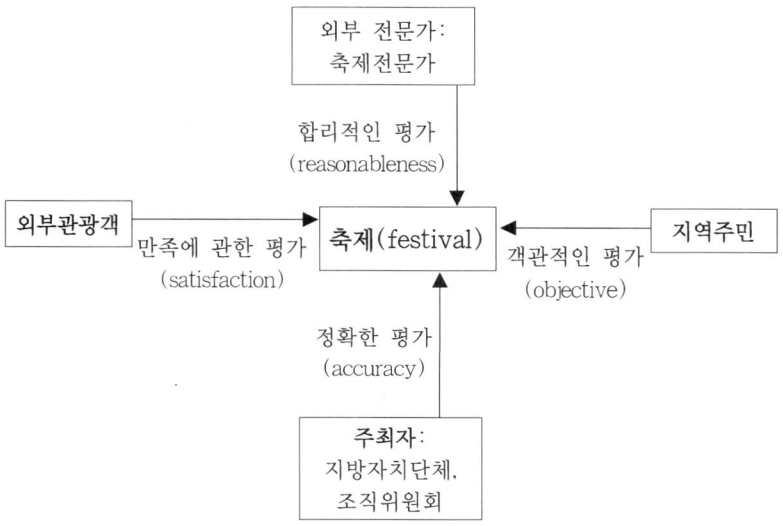

자료: 홍길표, 다면평가의 설계와 결과활용, IBS컨설팅, 2003: 34를 응용하여 논자 작성.

[그림 2-7] 축제의 다면평가시스템에 의한 평가구조

따라서 각각의 이해 관련 집단에게 동일한 평가항목과 기준을 적용하여 평가하고, 또한 집단의 상황에 맞게 각각 다른 평가항목과 기준을 설정하여 전체적으로 평가를 종합할 필요가 있다. 축제의 다면평가에 의한 평가구조는 [그림 2-7]과 같다.

(1) 다면평가시스템에 의한 평가 주체

① 외부 전문가(expert group)에 의한 평가
축제를 평가함에 있어 가장 일반적으로 적용되는 집단이며 전문성과 객관성을 확보할 수 있기 때문에 대부분의 축제에서 외부 전

문가에게 평가를 의뢰하고 있다. 하지만 관광, 이벤트, 홍보, 재정, 운영, 전통문화 등 다양한 분야의 전문가가 참여하여야 전문성이 확보될 수 있으며, 한 분야의 전문가만 참여할 경우에는 축제평가자의 관점에 따라 평가가 특정 분야로 치우칠 수 있는 위험요소를 가지고 있다. 따라서 축제의 내용과 상황에 맞는 각 분야의 전문가들이 축제를 평가하는 것이 필요하다.

또한 평가자가 축제의 많은 부분에 참여할 수 없기 때문에 최대한 계량화시켜야 하며 각각의 항목에 따른 명확한 기준을 설정하고, 설정된 평가항목과 기준이 축제의 목표와 일치할 때에 합리적인 평가가 될 수 있다.

② 방문객(visitors)에 의한 평가

방문객에 의한 평가는 어느 집단보다도 축제를 객관적으로 평가할 수 있기 때문에 축제평가에 있어서 설문조사의 대상으로서 일반적으로 사용되고 있다. 마케팅의 관점에서 축제가 궁극적으로 가지고 있는 목적이 참가자의 만족이라고 했을 때, 지역주민이든 방문객이든 만족에 대한 평가는 매우 중요하다고 할 수 있다.

특히 방문객이 직접 체험하게 되는 숙박, 음식, 쇼핑, 프로그램에 대한 평가는 각자의 주관적인 성향에 따라 차이가 나타나지만 공통적으로 느끼는 불편함의 정도는 어느 정도 일치할 것이며, 내용에 따라 개선을 위한 대안을 준비하는 것은 축제평가의 중요한 역할이라 할 수 있다.

방문객에 대한 설문조사를 실시할 때에는 축제의 일정 시점에서만 조사를 실시하는 것보다는 평일과 휴일, 또는 축제의 중간시점,

또는 마지막 시점에서 조사를 하는 것이 더 신뢰성 있는 결과를
얻을 수 있으며, 축제의 내용에 따라 평가항목이 특화된 설문항목
을 적용할 수 있다.

또한 설문의 대상이 접근이 용이한 대학생이나 젊은 층을 대상으로
설문이 이루어지는 경우가 있는데, 노인층이나 단체관광객 등을 위한
설문방식을 개발하여 좀더 정확한 데이터를 얻는 것이 필요하다.

③ 주최자(organizers)에 의한 평가

주최자의 평가는 데이터에 가장 정확하게 접근할 수 있는 강점을
가지고 있는 반면에 객관적인 평가가 어려운 약점을 가지고 있다.

또한 주최자가 평가의 주체가 되기도 하고 평가의 대상이 되기
도 한다. 특히 보상을 위한 평가일 경우에는 주최자가 축제평가의
대상이 된다. 그러나 축제의 궁극적인 발전을 위해서는 보상을 위
한 평가보다는 개선을 위한 평가가 필요하며 축제 자체가 평가의
대상이 되어야 한다.

주최자는 평가의 주체로서 축제의 개선을 위해서 축제를 평가하
여야 하며 특히 전년도 평가의 문제점으로 제기되었던 부분에 대
하여 개선결과에 대한 평가를 반드시 실시하여야 한다.

④ 지역주민(residents)에 의한 평가

지역주민은 축제에 있어 축제의 주체가 되기도 하고 축제의 객체
가 되기도 한다. 축제의 운영자로서 축제의 참가자로서 양면성을 띠
고 있다. 축제의 내용에 따라 축제참가자의 대부분이 지역주민인 경
우도 있고 방문객이 더 많은 부분을 차지하는 경우도 있지만 지역

주민은 축제를 다각적인 시각에서 볼 수 있는 강점을 가지고 있다.
　그러나 지역주민은 축제에 여러 가지 이해관계가 얽혀 있어 주관적인 입장이 평가에 반영될 소지가 있다. 따라서 축제를 단순한 특산물 판매의 공간이나 지역발전의 수단으로만 인식하지 말고 좀 더 거시적인 관점에서 객관적으로 축제를 평가할 수 있어야 한다.

프랑스 동성애 축제 중

(2) 다면평가시스템에 의한 평가항목

평가항목은 공통평가와 각각의 평가집단의 평가항목으로 나누어진다. 공통평가항목은 외부 관계자, 방문객, 지역주민, 주최자 모두가 같은 항목을 가지고 평가를 하는 것으로서 평가의 객관성을 확보하는 데 중요한 방법이 될 수 있다.
　공통평가항목이 많을수록 객관적인 평가가 될 수 있으며, 대부분의 축제에서 일반적으로 쓰일 수 있는 중요 평가항목을 우선으로 한다. 따라서 내용에 따라 차이가 있겠지만 평가항목을 최대한 계량화시키는 것이 중요하며, 질적인 평가항목의 경우에도 네 집단이 공통으로 이해할 수 있는 단어의 사용이 필요하다.

계량화시킨 항목에서 집단 간 차이가 발생할 경우를 대비해서 중간 값을 취하는 경우를 고려하여야 하며, 질적인 평가항목의 경우에도 명목척도보다는 순서척도를 적용하는 것이 유용하다.

개별평가의 항목은 측정하고자 하는 대상에 제일 접근이 용이하여야 하며 객관성을 유지할 수 있어야 하고 각 집단의 평가에 적합한 항목이어야 한다.

또한 집단 간 항목이 서로 상반된 의미를 갖고 있지 않아야 하며, 동일한 개념의 평가항목의 공통평가로 분류하여야 한다.

경우에 따라서는 개별평가항목이라도 한 집단뿐 아니라 2개 이상의 집단과 관련이 있는 평가항목이 있을 수 있다. 이 경우에는 해당 항목의 특성과 집단의 특성이 일치할 수 있는 집단을 우선시하며, 객관적인 평가가 가능한 집단을 우선한다.

평가항목에 있어 가능한 범위 내에서 공통평가항목을 극대화시키는 것이 필요하며, 개별평가항목도 합리적인 평가 자료를 얻기 위하여 최대한 계량화하는 것이 중요하다.

〈표 2-15〉 다면평가시스템에 대한 축제평가모형

구 분	내 용
평가체계	외부 전문가 평가+방문객 평가+주최자 평가+지역주민 평가
평가항목	공통평가와 개별평가
평가시기	진행평가, 사후평가
평가방법	설문조사, 참여관찰, 데이터 조사, 표적집단면접
평가기준	중요도에 따라 가중치(factor loading) 부여 설치조례(장애인시설 등), 안내요원 수 등 각각의 항목에 맞는 기준 설정
분석방법	평가의 내용이 상충되거나 차이를 보이는 경우에는 외부평가를 우선으로 하고 계량화된 항목은 중간 값을 적용
평가범위	문화관광축제 및 중소형축제 프로그램, 운영, 시설, 홍보 등 미시적인 요인 정치, 경제, 사회·문화 영향요인 거시적인 요인

자료: 논자 정리.

(3) 다면평가시스템에 의한 평가방법과 기준

다면평가시스템에 대한 조사방법은 설문조사, 참여관찰, 데이터 조사 등을 사용하며 내용에 따라 표적집단면접을 실시할 수도 있다.

평가기준은 항목에 따라 차이가 있지만 유아시설 등의 설치유무, 주차시설 등의 최적치, 행사장 청결이나 동선의 쾌적성, 장애인시설이나 화장실의 설치조례 등 각각의 항목에 따라 적합한 기준을 적용한다.

평가항목의 중요도에 따라 가중치를 적용하며, 평가의 내용이 집단에 따라 차이를 보이는 경우에는 외부평가를 우선하며, 계량화된 항목은 중간 값을 적용한다.

3. 축제평가의 체계

체계란 낱낱이 다른 것을 계통을 세운 통일한 전체를 의미하며, 각각의 구성요소가 유기적으로 연계된 일정한 틀을 나타낸다. 평가체계는 평가와 관련된 평가 주체와 객체, 평가방법, 평가시기, 평가항목, 평가기준, 평가목적과 목표 등으로 구성되어 있다.

따라서 축제평가의 방법과 평가의 시기, 평가의 항목, 평가의 주체를 이용하여 구성된 축제평가의 종합적인 체계는 [그림 2-8]과 같은 체계를 예측할 수 있다.

평가시기는 사전평가, 실행평가, 사후평가로 나누어진다. 하지만 사전평가는 타당성평가나 실행가능성에 대한 평가로 전략적 계획 수립과정의 일부이며,[98] 사후평가는 효과나 효율을 위한 평가나 개선과 보완을 위한 평가라는 특징이 있다. 따라서 실행평가와 사후평가와는 다른 차원의 평가로 분류될 수 있다.

평가 주체는 외부 전문가, 방문객, 지역주민, 주최자가 있으며, 평가항목은 참가자 수, 음식, 쇼핑, 프로그램 등 미시적인 요인과 정치, 경제, 사회, 문화 등의 거시적인 요인으로 나누어진다.

거시적인 요인은 선행연구에서 나타난 바와 같이 메가이벤트나 박람회형태의 초대형축제에서 연구가 주로 이루어진다. 경제적인 요인은 축제평가에 있어 매우 중요한 부분이고 축제가 지역경제나 지역사회에 미치는 효과가 크기 때문에 관광승수나 투자수익률(ROI) 등을 적용하여 별도의 연구 범주로 평가하기도 한다. 또한 거시적인 요인은 정치, 경제, 사회, 문화 등 평가의 범위가 매우 넓

---

98) 이경모, 이벤트학원론, 백산출판사, 2003: 322-323.

어 분야별로 별도의 세부적인 연구가 이루어지고 있다.

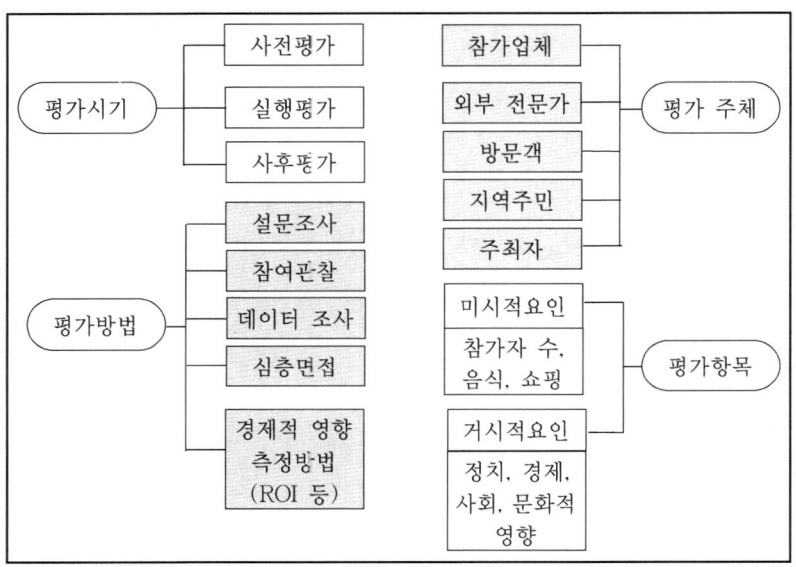

자료: 선행연구를 종합하여 논자 정리.

[그림 2-8] 축제평가의 종합적인 체계

4. 델파이 기법(Delphi technique)의 적용

델파이 기법은 예측하려는 문제에 관하여 전문가의 견해를 유도하고 종합하여 집단적 판단으로 정리하는 일련의 절차로서,[99] 미래에 대한 한 분야를 통찰할 수 있는 전문가들로 구성된 전문가집

---

99) Critcher & Gladstone, Utilizing the Delphi Technique in Policy Discussion, *Public Administration*, Vol.76, 1998: 432.

단을 대상으로 전문적 견해를 체계적으로 도출하여 이를 통계적으로 분석함으로써 미래에 대한 가상적 상태를 현재화하여 결론에 도달하는 방법이다.[100]

또한 델파이는 적절한 예측방법을 찾을 수 없을 때, 전문가들의 직관을 동원하여 미래를 예측하는 방법으로 발전하기 시작하여 미래변화뿐만 아니라 합의를 도출하여 문제를 추정하거나 구성원의 의견을 수립·수렴하는 도구로 이용되고 있다.

델파이 절차는 일반적으로 여론조사 방법과 협의회 방법의 장점을 결합시킨 방법으로 델파이 패널(Delphi panel)이라고 하는 델파이 토론 참여자는 델파이 절차가 반복되는 동안에 피드백(feedback)된 전회의 통계적 집단반응과 소수 의견보고서를 참고하여 다음 회에 자기판단을 수정 보완할 수 있는 기회를 갖는다는 점이 일반 조사절차와 다른 점이다.

델파이 절차에서 토론참여자는 공개되지 않을 뿐만 아니라 상호간에 직접적인 접촉을 하지 않으므로 일반적인 대면협의회의에서 있을 수 있는 바람직하지 못한 심리적 효과(band-wagon effect, group noise, halo effect 등)를 피할 수 있다는 장점을 가지고 있다. 델파이 방법은 전문가가 있는 분야에서 다양하게 이용될 수 있으며 미래예측뿐만 아니라 이해집단의 갈등관계를 추정하거나 다수인의 의견을 수렴하는 중재도구로 이용될 수 있다.[101]

또한 델파이 기법을 이용하여 변화예측, 목적과 목표의 설정뿐만 아니라 문제의 확인과 해결책탐색, 평가준거의 개발, 종합계획수립

---

100) 김신복, 발전기획론, 박영사, 1983: 385.
101) 이종성, 델파이 방법, 교육과학사, 2001: 7-8.

등 다양한 분야에 적용이 가능하다.[102]

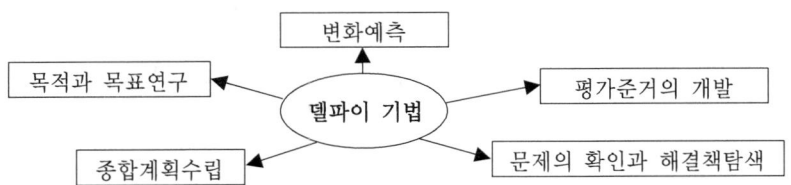

자료: 이종성, 델파이 방법, 교육과학사, 2001: 17-22를 이용하여 논자 정리.

[그림 2-9] 델파이 기법의 적용

그러나 델파이 기법(Delphi technique)은 그 연구결과에 대하여 신뢰도가 높은 장점을 가지고 있으나 또한 논 자체에 포함되는 미래의 가상적 사건에 대한 그릇된 해석의 가능성 및 시간비용, 노력 등이 많이 필요하게 된다는 단점이 지적되고 있다.[103]

따라서 델파이 기법은 시계열이 없는 경우에 있어서 미래예측이나 전문가의 견해를 꼭 필요로 하는 연구에서 그 효용성이 인정되고 있다.[104]

델파이 기법(Delphi technique)에서 가장 중요한 것은 전문가 선정인데, 델파이 기법이 전문가적 직관을 객관화된 수치로 나타내는 방법이므로, 조사에 참여한 전문가의 자질은 매우 중요한 요소이다.

그러나 델파이 기법의 패널을 선정하는 표준화된 준거는 마련되어 있지 않고 단지 공통적인 사항으로써 전문성 결정방법과 전문

---

102) 이종성, 델파이 방법, 교육과학사, 2001: 22.
103) Liebar, S. R. & Fesen maier, D. R., *Recreation Planning and Management*, E. & F. Spon, Ltd, 1983: 100-101.
104) 김신복, 발전기획론, 박영사: 1983: 387.

가의 선택방법은 고려해야 할 사항이다.

델파이 패널을 다수로 하는 것은 오차를 줄일 수 있지만 너무 많은 수의 패널을 선정하면 문제가 발생할 수 있으며,[105] 패널의 피로와 응답의 일관성 결여, 패널들의 반응이 응답척도의 중심으로 회귀하는 현상과 같은 문제가 발생할 수 있다.[106]

이와 같이 델파이 기법에 있어 패널의 선정에 대한 어려움과 기준이 없기 때문에 연구하고자 하는 영역의 특성과 주어진 연구주제, 그리고 연구 영역에 있어서의 문헌 등을 기초로 하여 패널을 선정해야 한다.[107]

그리고 델파이 기법 중 또 하나의 중요한 것은 델파이 기법의 라운드결정으로, 델파이 기법의 목표가 합의 도출이기 때문에 라운드의 횟수는 중요한 의미를 가지게 되는 것이다. 합의 도출을 위해 몇 라운드를 거쳐야 되는지에 대해서 보다 객관적인 평가가 필요하며, 이러한 측면에서 연구의 안정도(stability)가 필요하고, 이는 연속된 라운드 간의 응답에 있어서의 일치성이라고 정의할 수 있다.[108] 패널이 응답한 라운드 간의 응답이 일치하면 추가적인 라운드가 필요하지 않으며, 따라서 그 상태에서 연구의 안정도(stability)가 확보되었다고 할 수 있으므로 델파이 라운드를 더 이상 실시하지 않아도 된다.[109]

---

105) Ziglio, E., *Gazing into the Oracle: The Delphi Method and its Application to Social Policy and Public Health*, Jessica Kingsley Publisers, 1996: 3-10.

106) 이종성, 델파이 방법, 교육과학사, 2001: 18-19.

107) Jenkins & Smith, Applying Delphi Methodology in Family Therapy Research, *Contemporary Family Therapy*, Vol.16, 1994: 411-415.

108) 김경숙, 델파이 기법을 이용한 관광호텔 규제완화의 효과에 관한 연구, 대구 대학교 박사학위논문, 2001: 18.

109) Mitchell, V. M., The Delphi Technique: An Exposition and

델파이 기법의 절차는 [그림 2-10]과 같다. 델파이 토론자의 선
택이 우선 중요하며, 선택된 전문가들을 대상으로 주어진 문제에
관한 개괄적인 접근의 개방형 질문을 한다.

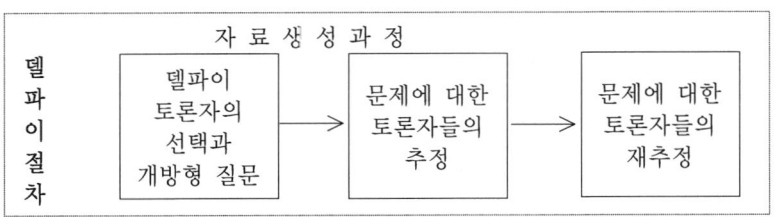

자료: 이종성, 델파이 방법, 교육과학사, 2001: 56.

[그림 2-10] 델파이 절차

개방형 질문에서 나온 결과를 바탕으로 델파이응답자들에게 구
체화된 내용을 가지고 폐쇄형 질문을 하게 된다. 토론자들의 추정
에 의한 좀더 구체화된 내용을 가지고 한번 더 폐쇄형의 질문을
하여 토론자들로 하여금 재추정하게 하는 절차를 갖게 된다.

제4절 관련된 선행연구

축제평가와 관련하여 학문적인 연구는 아직까지 폭넓게 체계적
으로 이루어지지 않고 있으며, 국내에서는 이론적인 연구가 부족한

Application, *Technology Analysis & Strategic Management*, Vol.3,
1991: 347.

상태에서 실무적인 측면의 연구보고서 형태로 많이 실시되고 있다.

외국의 경우에는 사회문화적인 영향과 경제적인 효과에 대한 접근이 주류를 이루고 있으며, 특히 영향과 효과에 대한 연구는 축제의 범주라고 보기 어려운 올림픽이나 월드컵, 박람회 등의 메가이벤트를 사례로 한 연구110)가 주를 이루었다.

축제평가와 관련된 연구는 평가모형이나 평가체계, 평가항목의 개발과 관련된 연구를 고찰하였으며, 국외연구는 이벤트평가에 관련된 부분을 고찰하였다.

평가체계와 관련된 선행연구는 주로 관광과 관련된 정책이나 시설에 대한 평가체계의 구성에 관한 연구와 평가항목과 기준의 설정에 관련된 부분을 고찰하였다.

델파이 기법에 대한 선행연구는 주로 정책적인 부분에 집중이 되어 있어 국내연구는 관광 분야에 적용된 델파이 연구와 국외연구는 평가와 관련된 델파이 연구를 고찰하였다.

---

110) Crompton, J. L. & McKay, S. L., Measuring the Economic Impact of Festivals and Event: Some Myths, Misapplications and Ethical Dilemmas, *Festival Management & Event Tourism*, 2(1), 1994: 33-43./ Mount, J. & Leroux, C., Assessing the Effects of a Mega-event: A Retrospective of the Impact of the Olympic Games on the Calgary Business Sector, *Festival Management & Event Tourism*, 2(1), 1994: 15-23./ Mules, T. & McDonald, S., The Economic Impact of Special Events: The Use of Forecasts, *Festival Management & Event Tourism*, 2(1), 1994: 45-33.

1. 축제평가에 관한 선행연구

1) 축제평가에 관한 국내 선행연구

이강욱(1998)은 축제의 평가 범위를 크게 두 가지로 나누어 경제·사회문화·환경·기술의 영향과 축제의 효율적 추진을 위한 정책을 위한 관광수용 체계와 홍보, 행사구성, 인력 및 조직 등을 중심으로 기획운영실태를 분석·평가하였다.

경제영향분석의 기준은 산출, 소득, 고용 등의 효과로 제한하였으며, 사회문화 효과분석은 문화교류, 지역이미지에 초점을 두었다. 환경영향 평가는 축제로 인한 자연환경훼손, 소음 등을 평가대상으로 하였다.

평가의 항목에 있어서는 기획·운영에 대해 기획, 집행, 홍보, 마케팅, 행사의 구성 등을 대상으로 하였으며 금산인삼축제의 사례를 들어 행사프로그램 및 영향평가에 대한 평가를 실시하였다.111)

김철원·이석호(2001)는 평가는 다각적인 시각에서 수행되어야 한다고 하였으며, 축제의 구체적인 틀뿐만 아니라 축제의 자원과 속성에 따라 다양한 평가 틀을 개발·적용해야 할 것을 주장하였다. 축제의 발전을 위해서는 평가와 함께 전문가들에 의한 축제운영 전반에 걸친 컨설팅(consulting)을 할 것을 제안하였고 문화관광축제의 선정에 있어 투명성과 객관성, 공정성을 보장할 수 있는 평가제도를 주장하였다.

---

111) 이강욱, 문화관광축제의 영향 및 운영효율화 방안, 한국관광연구원, 1998: 3-4.

또한 문화관광부 등이 추진주체가 되어 대표축제를 선정하고 축제평가 기준을 재정립하며 문화콘텐츠와 연계하는 단계적인 방안을 제시하였다.[112]

특히 축제기획에 대한 타당성과 축제의 준비과정에 대한 부분은 다른 평가 자료에서 많이 다루어지지 않는 부분이며, 문화콘텐츠나 지역문화에 미치는 영향에 대한 부분을 강조하였다.

또한 외부 전문가의 시각과 함께 일반시민(방문객)과 지역주민의 시각에서의 평가와 축제의 성격과 향후 방향을 위한 고려한 범주별 접근, 기획부터 사후영향에 이르기까지 일련의 흐름에 대한 평가, 문화적인 가치를 중심으로 한 평가를 주장하였다.[113]

이훈(2002)은 평가의 방법론을 모색하고 평가내용에 대한 비판 및 보완을 위해 세 가지를 제안하였다. 첫째, 평가목적 및 관점의 유지가 필요하다. 둘째, 평가대상의 세분화를 통해 축제방문객과 평가 주체자 측면을 고려한 다양한 입장들이 평가에 반영될 필요가 있다. 셋째, 축제별 성격과 발전방향을 위한 평가로 문화관광축제를 발전시키고 긍정적인 측면을 찾아내어 매력화하는 방향에서 평가가 이루어져야 한다고 주장하였다.[114]

배만규(2002)는 축제 간 객관적 평가를 통한 장·단점 파악과 차후행사를 위한 발전적인 반영노력을 위해 축제의 개최성과를 비교분석하는 표준평가속성을 개발하고자 하였다. 기존에 발간된 축제평가보고서를 기준으로 축제 개최자들을 대상으로 설문조사를

---

112) 김철원·이석호, 문화관광축제 육성방안, 한국관광연구원, 2001: 54-55.
113) 문화연대, 2002 하반기 축제평가 보고서, 문화개혁을 위한 시민연대, 2002: 8-11.
114) 이훈, 문화관광축제 평가방법연구, 2002 지역축제평가 및 활성화방안토론회 자료집, 50-52.

실시하여 7개의 평가속성으로 분류하였다.

총 65개 항목을 홍보성, 이용편리성, 참여성, 외국인 수용성, 운영성, 이미지, 경제성의 7가지로 분류하였으며, 중요도에 따라 9점에서 20점까지의 점수를 부여하였다. 또한 연구에서 한계점으로 관광측면에 치중된 평가기준으로 이후에 지역주민과 문화·관광·축제요소를 포함한 평가기준이 필요함을 제시하고 있다.115)

김선기(2003)는 평가를 위해 네 가지를 제시하였다. 첫째, 축제의 전 진행과정을 기록, 정리, 보존함으로써 다음 축제의 개선 및 발전을 위한 중요한 자료로 활용해야 한다.

둘째, 목표설정에 대한 평가가 필요하다. 축제를 왜 개최하는지와 축제가 당해 지역에 적합한지 등 축제의 목표설정에 대한 합리성의 평가가 이루어져야 한다.

셋째, 지역축제에 대한 객관적이고 공정한 평가체계의 확립이 필요하다. 내부평가와 외부평가, 그리고 사전평가와 사후평가를 지역실정에 맞게 적절히 배합하여 축제평가의 내실을 기할 필요가 있다.

넷째, 축제의 유형별로 세부목표의 달성도를 측정할 수 있는 유형별 표준속성을 개발하여 객관적이고 공정한 기관으로 하여금 정기적인 평가를 실시하여야 한다.

이를 위해 축제의 목표, 축제의 내용, 축제의 과정, 축제의 효과 등 네 가지 평가 영역에 대해 표준적 평가항목을 설정하되 지역축제의 특성에 따라 가중치, 세부평가항목, 평가방법(정성평가와 정량평가)등을 탄력적으로 적용하는 것이 필요하다고 하였다.116)

---

115) 배만규, 지역축제 개최결과의 표준평가속성 개발: 문화관광부 선정 문화관광 축제를 중심으로, 관광연구, 2002: 171-191.
116) 김선기, 향토자산 활용 지역축제의 마케팅전략, 한국지방행정연구원.

　문화관광부(2003)는 선정평가와 사후평가로 나누어서 평가를 진
행하는 방법을 채택하였으며, 선정평가는 선택과 집중의 원칙 하에
각 부문별 평가 1위와 우수축제를 지정하고, 순위에 의거하여 80%
를 심사대상에 포함하였다. 신규로 문화관광축제에 지원하는 축제
는 기존의 선정평가 체계에 의해 시도의 추천을 받아 지원하며 신
규년도는 예비축제로 지정하는 방식을 채택하였다.

　또한 문화관광축제의 사후평가체계를 방문객 설문조사, 외래객 유
치 실적조사, 문화관광부 참관평가로 구성하였다. 방문객 설문조사는
개최된 축제의 만족도와 축제 개최효과 등을 공통평가로 관광객비율,
관광객 지출비용, 사회적 영향, 문화적 영향, 환경적 영향 등을 선택
평가로 구분하여 평가하도록 하였고 공통평가와 선택평가의 비율은
각각 60%, 40%로 하며, 선택평가를 구성하는 세부비율을 지방자치
단체가 정해진 한도 내에서 자율적으로 선택할 수 있도록 하였다.117)

축제중의 풍물놀이

2003: 159-161.
117) 문화관광부, 문화관광축제 평가모형개발, 문화관광부, 2003: 53-76.

2) 축제평가에 관한 국외 선행연구

Getz(1997)는 평가의 형태에 따라 전략기획의 일부로 실시되는 타당성평가, 효과적인 운영개선을 위한 진행평가, 효과나 전반적인 가치를 평가하기 위한 종합적인 평가의 세 가지로 분류하였다.

평가의 항목에 있어서 미시적 요인으로 총 방문객 수, 회전율 (turnover), 최대 참가자 수, 방문객프로필, 시장과 여행유형을 포함 하였으며, 정보원천과 여행의 동기, 추구편익, 만족도 등의 마케팅과 동기에 관련된 내용과 참여한 프로그램, 이벤트 참여 중의 숙박, 식음료, 쇼핑, 관광 등의 지출비용에 관한 내용을 항목에 포함하였다.

거시적인 요인으로 공허유발, 동식물 서식지 손실 등의 환경적 영향, 지역주민의 태도, 물가의 변화 등의 사회문화적 영향을 평가 항목에 포함하였다.

또한 행사장 내 수입, 지역사회의 수입, 세수의 변화 등의 직접 효과와 2차적인 경제유발 효과인 간접효과, 고용효과 등을 포함한 경제적 효과, 유무형의 비용과 수익에 관한 평가를 거시적인 요인 에 포함하였다.[118]

Carlsen et. al.(2001)은 평가방법으로 전문가들을 대상으로 설문 조사를 실시하여 경제적인 영향평가를 위주로 이벤트 방문객과 관 련된 수입승수, 고용승수, 투자수익률(ROI) 등으로 분석을 하는 방 법을 제시하였다. 또한 각 평가항목의 중요도에 따라 순위를 적용 하였고 동일한 이벤트를 시간의 차이를 두어 평가하는 시계열방식

---

118) Getz, D., *Event Management & Event tourism*, Cognizant Communication Corporation, 1997 : 336-337.

(time switching)의 평가방식도 제안하였다.

평가항목에 있어서는 잠재적인 리스크 노출, 성공가능성, 행사장의 적합성, 수용력, 이벤트의 개최시기, 재정적인 지원의 수준 등 24개의 항목을 사전평가항목으로 포함하였으며, 국가적인 경제적 영향, 내외국인 방문객의 수, 객실점유율, 방문객의 직접소비 등의 25개 항목을 사후평가항목으로 제시하였다.

또한 전문가를 대상으로 현재 사용되고 있는 항목과 앞으로 사용하여야 할 항목에 대한 조사를 실시한 결과, 사전평가에서는 경쟁이 있는 이벤트나 경쟁이 없는 이벤트 모두 잠재적인 리스크의 노출에 대한 평가항목이 유의하게 나타났고 문제해결능력과 스폰서의 만족에 관한 부분도 유의하게 나타났다.[119]

위의 연구를 종합하여 보면 평가방법은 설문조사와 참여관찰 또는 심층면접의 형태를 제시하는 연구가 많았으며, 평가 주체로는 방문객과 외부 전문가의 평가를 종합하는 내용의 연구가 많이 나타나고 있다.

그러나 선행연구에서 나타난 축제의 다각적인 평가를 위해서는 방문객뿐만 아니라 지역주민, 주최자를 포함하는 다면적인 시각에서의 축제평가를 필요성을 보여주고 있다. 또한 점점 다양화되어 가는 축제 참가자들의 욕구에 맞추어 참여프로그램이나 가족을 위한 프로그램이나 시설의 항목 등도 필요할 것으로 보인다.

---

119) Carlsen, Getz, and Soutar, Event Evaluation Research, *Event Management* Vol.6, 2001: 251-253.

2. 평가체계에 관한 선행연구

1) 평가체계에 관한 국내 선행연구

(1) 김향자의 관광지 평가체계에 관한 연구120)

김향자(2001)는 평가체계의 구성요소를 평가단계, 평가대상 및 평가방법, 평가방법 및 평가기준 도출과정을 [그림 2-11]과 같이 구성하였다.

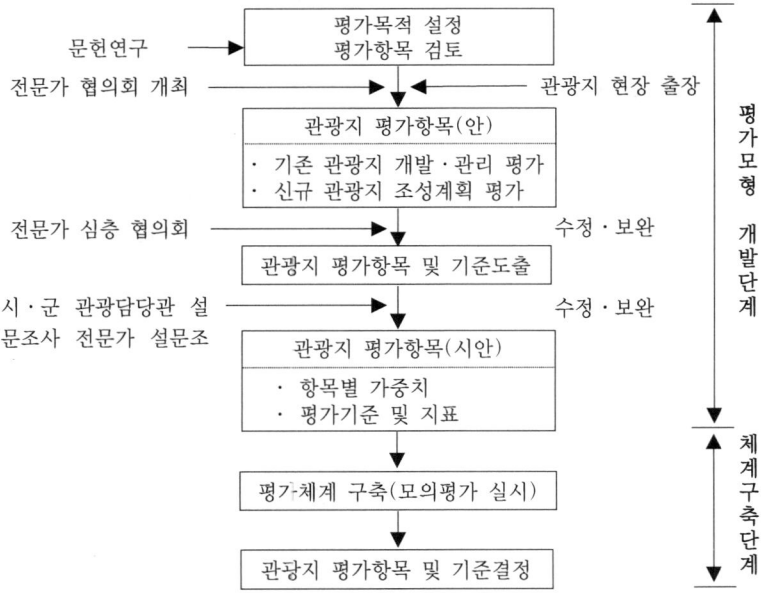

자료: 김향자, 관광지 평가체계 개발 및 운영방안, 한국관광연구원, 2001: 77.

[그림 2-11] 김향자의 관광지 평가체계 개발과정도

---

120) 김향자, 관광지 평가체계 개발 및 운영방안, 한국관광연구원, 2001:
    39-95.

(2) 김철원의 관광산업 경쟁력 평가모델 연구[121]

김철원(2000)은 문헌조사를 통하여 경쟁력 개념에 대하여 정립하고, 경쟁력 평가에 대한 국내외 사례를 조사 분석하여 평가지표의 기준을 도출하였다. 이를 토대로 전문가 설문조사를 통하여 평가항목을 도출하였으며, 평가항목은 계량지표(quantitative indicators) 및 비계량지표(qualitative indicators)를 개발하였다.

이를 통하여 경쟁력을 평가할 수 있는 모형을 만들고, 단계적으로 APEC 21개국 관광산업의 순위를 평가할 수 있는 틀을 마련하였고, 세계 모든 국가의 관광산업에 대한 경쟁력을 평가하는 지표 및 모형의 방향성을 제안하였다.

결과적으로 위의 연구는 문헌조사를 통하여 평가지표를 설정하고, 평가지표에 대한 전문가 의견조사를 통하여 검증하여, 검증된 평가지표를 토대로 전체적인 경쟁력 순위를 평가하는 방법론적 모형(methodological model)을 제시하였다.

(3) 이광희의 지방자치단체 평가체계 연구[122]

이광희(2003)는 지방자치단체의 평가를 분석하기 위해 분석의 틀로써 다음의 6가지를 제안하였다.

첫째는 평가목적과 관련된 내용으로 명확하고 구체적으로 제시될 필요가 있다. 둘째는 평가대상과 관련된 내용으로 지방자치단체

---

121) 김철원, 관광산업 경쟁력 평가모델 개발, 한국관광연구원, 2000: 35-70.
122) 이광희, 지방자치단체 평가체계 연구, 한국지방행정연구원, 2003: 2-19.

의 조직 전체를 평가하는 것인지, 지방자치단체가 추진하는 주요 시책을 평가하는 것인지를 검토하는 것이다. 셋째는 평가내용과 관련된 것으로 투입 - 과정 - 산출 - 영향으로 이어지는 정책과정에서 어디까지를 평가할 것인지를 살펴볼 필요가 있다.

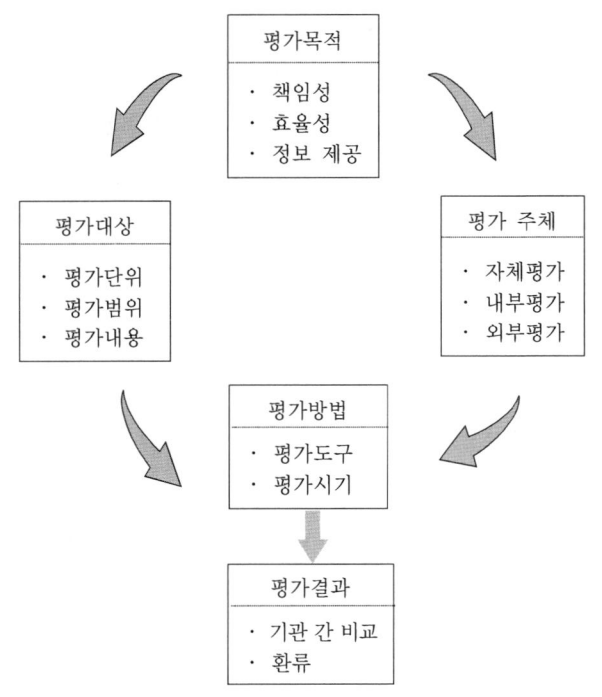

자료: 이광희, 지방자치단체 평가체계 연구, 한국지방행정연구원, 2003: 19.

[그림 2-12] 지방자치단체 평가체계 분석의 틀

넷째는 평가단위에 관련된 내용으로 시·군·구 단위의 설정이 맞게 이루어지는가에 대한 문제이다. 다섯째, 평가 주체와 관련된 내용으로 자체평가, 내부평가, 외부평가로 분류하여 평가의 주체가 누가 되어야 하는지에 관한 내용이다.

여섯째는 평가도구에 관한 내용으로 평가기준 및 이에 근거한 성과기준을 의미하며, 일곱째는 평가시기와 관련된 내용으로 사전평가, 과정평가, 사후평가로 분류한다. 마지막으로 평가결과에 대한 환류(feedback)에 관련된 내용으로 평가결과를 어떻게 활용할 것인가에 대한 논의이다.

(4) 한국문화정책개발원의 문화기반시설 운영평가모델 개발 및 평가에 관한 연구[123]

한국문화정책개발원(1999)은 평가기준의 개발을 위해 다섯 단계를 거쳐 평가기준을 개발하였다. 첫째, 문화기반시설 운영평가와 그동안 문화기반시설의 자료를 바탕으로 1차안을 작성하였고, 둘째, 작성된 안을 중심으로 관련 전문가, 실무자들의 세미나 개최하여 2차안을 작성하였다.

셋째, 평가기준 하나하나에 대하여 각 분야별 문화기반시설 담당자들을 대상으로 기준의 적합성 여부와 중요도(5점 척도)를 조사하여 그 결과를 기준체계에 반영하였다. 넷째, 현지 예비조사(pilot survey)를 실시하여 평가기준체계 시안의 측정가능성과 적합성을 검토하였다. 다섯째, 최종안에 대하여 관련 분야 전문가들과 심층 논의를 통하여 최종안을 작성하고, 이를 문화기반시설 운영평가단

---

123) 한국문화정책개발원, 문화기반시설 운영평가모델 개발 및 평가에 관한 연구, 1999: 2-10.

회의에 제출하여 최종 확정하였다.

3. 델파이 기법에 관한 선행연구

1) 델파이 기법에 관한 국내 선행연구

(1) 이장춘의 한국의 복지관광정책 개발에 관한 연구[124]

이장춘(1986)은 복지관광정책 개발의 대안을 탐색하기 위해 델파이 기법을 사용하였다. 관광학계, 관광 관련 공무원, 연구기관, 한국관광공사, 관광업계, 언론기관 종사자 중에서 50명을 선정하여 응답집단으로 구성하였으며, 총 3라운드의 조사를 실시하였다.

1라운드는 1991년과 2001년을 사태발생년도를 설정하고 항목별 사태발생년도에 대한 복지관광정책개발의 대안을 개방식으로 서술할 수 있도록 구성하였다. 2라운드는 1라운드의 조사결과를 수작업으로 통계처리한 후 중요도를 조정하여 2라운드 설문을 작성하여 설문을 실시하였다. 3라운드는 2라운드의 조사결과를 통계처리하여 편차조정을 실시하여 중요도가 낮다고 평가된 항목별 대안을 제외시키고 3라운드의 설문을 작성하여 설문을 실시하였다.

3라운드의 조사결과를 기준으로 연구에 필요한 대안설정의 방향을 정립하였으며 이를 통하여 관광정책과 복지관광, 사회복지와의

---

124) 이장춘, 한국의 복지관광정책개발에 관한 연구, 동국대 대학원 박사학위논문, 1986.

상관성을 검증하였다.

(2) 장병권의 한국관광정책체계의 발전모형정립에 관한 연구125)

장병권(1992)은 한국관광정책체계의 발전모형정립에 관한 연구에서 정책에 대한 목표설정, 목표설정을 위한 구체적인 내용과 그 우선순위의 결정, 또는 어떤 논제에 관한 찬반논의의 설정을 위하여 델파이 기법을 사용하였다.

관광 분야에 종사하는 관계, 업계, 학계의 전문가들을 대상으로 관광행정체계의 전개방향과 문제점, 개선방향 등에 대하여 설문을 실시하였다. 응답집단은 사무관 이상 공무원과 과장급 이상의 공기업의 응답집단이 40명, 여행업계와 호텔업계에서는 업체의 대표자, 총지배인의 30명으로 하였으며, 학계에서는 관광학 교수 30명 등으로 총 100명의 응답집단을 구성하였다.

각 라운드의 설문의 구성은 1라운드의 경우, 사전 타당성 확보를 위하여 관련 전문가의 자문과 면접을 5회 이상 실시하였고, 2라운드 설문은 1라운드의 응답결과 중 빈도수가 많은 것을 우선적으로 포함시켰다. 설문의 분석은 빈도분석을 사용하였으며, 2라운드 조사에서는 찬반응답과 우선순위에 대한 응답을 조사하였다. 이 우선순위와 관련하여 이 연구에서는 1순위로 나온 내용을 중심으로 사안의 중요성을 파악하였다.

---

125) 장병권, 한국 관광정책체계의 발전모형 정립에 관한 연구, 한양대학교 대학원 박사학위논문, 1992.

(3) 박창수의 국제회의산업진흥정책에 관한 연구126)

박창수(1998)는 국제회의산업진흥정책에 관한 연구에서 조사집
단의 선정함에 있어 국제회의산업에 관심이 있는 노출집단을 모두
포함시켜야 하나 연구내용의 복잡성 등을 고려하여 델파이 응답집
단을 전문가집단과 관심을 가진 관심자집단만으로 구성하였다.

델파이 응답집단은 학계, 연구기관, 관계, 한국관광공사, 업계, 언
론계로 구분하여 구성하였으며, 국제회의 산업의 현황분석, 2000
ASEM 파급효과분석 및 진흥정책목표와 내용의 제시를 위해 설문
을 실시하였다.

1라운드는 국제회의 산업의 여건, 국제회의 개최지로서 관광잠재
력, 국제회의 개최지로서 관광산업의 강점과 약점, 2000 ASEM의
파급효과 및 국제회의 산업진흥정책목표 및 정책대안을 개방식으
로 서술하도록 구성하였다. 2라운드는 1라운드의 조사결과를 수작
업으로 분류 및 조정한 후 항목별로 중요도에 따라 5점 척도로 2
라운드 설문을 구성하였다.

2라운드의 조사결과를 통계처리하여 변형점수인 각 항목별 점수
를 산출하였으며, 이 평균점수를 기초로 제1분위수 미만에 해당하
는 평균값을 가진 항목을 기각하여 3라운드의 설문을 실시하였다.

---

126) 박창수, 국제회의산업진흥정책에 관한 연구: 2000 ASEM을 계기로,
    경기대학교 대학원 박사학위논문, 1998.

(4) 김종택의 안면도 관광개발에 관한 연구127)

김종택(2002)은 안면도 관광개발에 관한 연구에서 서해안 고속도로의 개통과 2002년 안면도 국제 꽃 박람회를 중심으로 델파이 기법을 사용하였으며, 안면도 관광개발의 잠재력을 분석하고 서해안 고속도로 개통이 안면도 관광개발에 미치는 영향과 안면도 국제 꽃 박람회의 영향을 분석하였다.

델파이 조사를 실시하기 전에 전문가와의 심층면접(depth interview)을 통하여 설문지를 작성하였고 델파이 응답집단은 꽃 박람회 관련 공무원, 문화관광부, 국토개발연구원, 한국관광연구원, 화훼 관련 전문가, 관광학계, 언론계, 학계를 포함하여 64명의 응답집단을 구성하였다.

1라운드는 서해안 고속도로 개통이 2002년 안면도 꽃 박람회와 안면도 관광개발에 미치는 영향, 안면도 국제 꽃 박람회의 여건분석 및 잠재력분석, 꽃 박람회의 강·약점 분석, 파급효과분석, 안면도 관광개발의 기본방향 등에 대한 의견을 묻는 질문을 서술형으로 하였다. 2라운드는 1라운드 설문지 응답내용을 모두 정리하여 다시 변수를 구성하여 중요도에 따라 순위를 기입하는 형식을 실시하였다.

3라운드는 2라운드의 설문지의 순위 중요도에 따라 집계된 변형점수를 활용하여 1분위에 해당하는 변수는 제거한 뒤 3라운드 설문지를 구성하여 실시하였다.

---

127) 김종택, 안면도 관광개발에 관한 연구: 서해안 고속도로 개통과 2002 안면도 꽃 박람회를 중심으로, 경기대학교 박사학위논문, 2002.

(5) 한국문화정책개발원의 문화기반시설 운영평가모델 개발 및 평가에 관한 연구[128]

한국문화정책개발원(1999)은 평가기준 가중치 및 세부평가기준 설정에 관한 부분에서 평가기준의 중요도를 반영하기 위하여 각 분야별 문화기반시설별로 평가기준별 가중치를 설정하였다. 가중치는 각 분야별 평가기준체계에서 관심영역, 평가기준, 세부 평가기준 순으로 설정하였으며, 연역적 · 질적 방법과 델파이 기법을 활용하여 설정하였다.

첫째, 전문가, 실무자, 논자들 간의 심층논의를 통하여 평가기준별 가중치 시안을 작성하고, 이를 다시 개별 전문가, 현장실무자, 논자들에게 배포하여 각자의 가중치안을 작성하게 하였다. 연구진은 각 개별안을 평균하여 평가기준 가중치안을 다시 작성하고, 이들 바탕으로 전문가, 실무자, 논자들 간의 세미나를 통해 심층논의하였다. 이러한 과정을 반복하여 최종적으로 평가기준 가중치안을 최종 확정하였다.

2) 델파이 기법에 관한 국외 선행연구

(1) Carlsen, Getz, and Soutar의 이벤트평가연구[129]

Carlsen, Getz, and Soutar(2001)의 이벤트평가연구는 이벤트의

---

128) 한국문화정책개발원, 문화기반시설 운영평가모델 개발 및 평가에 관한 연구, 1999: 14-30.
129) Carlsen, Getz, and Soutar, Event Evaluation Research, *Event Management* Vol.6, 2001: 247-257.

평가항목과 평가방법에 대한 연구에서 델파이 기법을 사용하였다.

이 연구는 현재 실행되고 있는 이벤트의 평가항목과 방법에 대한 재검토와 새로운 산업적인 기준과 지침을 개발하기 위해 실시되었다. 델파이 응답집단은 대학교수, 자문위원, 이벤트 관련 매체의 편집위원 등의 55명의 이벤트 관련 전문가집단으로 구성되었다.

델파이 조사는 2라운드에 걸쳐 진행되었으며, 1라운드 조사에서 나온 결과를 평균점수로 계산하여 1라운드의 결과를 다시 전문가들에게 보내어 2라운드에는 1라운드의 결과와의 차이점을 확인하게 하였다.

2라운드의 결과를 통해서 사전평가항목으로 25개의 항목을 추출하였으며 사후평가항목으로 25개를 추출하였다. 각각 중요도에 따라 9개, 11개의 항목을 추출하였으며 평가방법으로 이벤트조직의 비용, 방문객 수, 수입승수, 고용승수, 투자수익률 등 9개 항목의 평가방법을 제안하였다.

(2) Kuo Nae-Wen과 Yu Yue-Hwa의 국립공원선택을 위한 평가시스템에 관한 연구130)

Kuo Nae-Wen과 Yu Yue-Hwa(1999)는 델파이 기법을 이용한 평가시스템에 관한 연구로서 대만의 자연환경을 보호하기 위하여 국립공원 설계를 위한 평가 영역에 사용될 수 있는 평가시스템에 포함될 적절한 요인을 도출하기 위한 연구이다.

---

130) Kuo, Nae-Wen & Yu, Yue-Hwa, An Evaluation System for National Park Selection in Taiwan, *Journal of Environmental Planning & Management* Vol.42, 1999: 37-42.

델파이 기법을 이용하여 구조화된 설문지로 패널로부터 42개의 평가항목을 응답 받아 전문가의 의견과 통계적 중요도에 따라 마지막으로 평가항목을 10개의 요인으로 분류하고 21개의 유효한 항목을 도출하였다. 10개의 요인으로 분류한 내용 중 입지의 특성(characteristics of site), 대표성(representative), 자연성(naturalness), 희귀성(rarity), 파괴성(fragility), 적합성(suitability)의 6개의 요인은 평가에 사용되었고, 잠재성(potential for management objectives), 연구(research), 교육(education), 기타 기능(other functions)의 요인은 각각 경영목적을 위해 사용되었다.

(3) Howard Green, Colin Hunter & Bruno Moore의 관광개발의 환경영향 평가에 관한 연구[131]

Howard Green, Colin Hunter & Bruno Moore(1990)는 관광계획의 환경영향평가에 대한 방법론의 개발과 적용에 델파이 기법을 사용하였다. 관광과 관련된 환경영향에 대한 문헌연구와 광범위한 문제를 다루고 있으며, 영향평가의 측정과 관련된 사항들을 포함하고 있다. 델파이 기법은 평가를 위한 잠재적 변수 측정을 위한 도구로서 사용되었다.

연구방법론으로서 환경영향평가를 위해 가장 적합한 Salt's Mill과 Bradford의 관광전략계획 방법을 확장시켜 적용하여 관광환경영향변수를 항목화하여 델파이라운드를 실시하였다.

---

131) Howard Green, Colin Hunter, Bruno Moore, Assessing the Environmental Impact of Tourism Development: Use of the Delphi Technique, *Tourism Management*, 1990: 111-120.

광안리불꽃축제

제3장 조사설계와 분석방법

제1절 조사의 설계

1. 조사목적

본 연구의 조사목적은 축제전문가와 각 축제의 각 이해 관련 집단으로부터 축제평가체계에 대한 조사를 통하여 실증적이고 구체화된 축제평가체계를 제시하기 위한 분석자료로 사용하고자 하는데에 목적이 있다.

이에 대한 구체적인 목표로 축제전문가를 대상으로 예비조사를 통하여 축제평가에는 어떤 구성요소가 있는지, 축제평가의 주체는 어느 집단이 있는지, 축제평가항목은 어떠한 항목이 있는지에 대한 기초조사를 실시한다.

기초조사의 자료를 토대로 델파이 전문가 조사를 통하여 평가체계를 구성하고 있는 평가 주체와 평가방법, 평가시기에 대한 선정과 적합성에 대하여 전문가의 의견을 도출한다.

선정된 축제평가와 관련된 방문객, 지역주민, 주최자 등 각 집단별 설문조사를 통하여 평가항목에 대한 중요도 조사를 실시하고 각각의 속성을 파악하여 요인화, 계열화를 실시한다.

축제의 평가집단별로 그룹화, 계열화된 축제평가항목에 따라 각각의 기준을 설정하고 가중치를 부여하여 실증적이고 객관적인 축제평가체계를 위한 분석의 자료로 사용한다.

2. 조사대상

본 연구의 조사대상은 전문가집단과 각 축제 관련 집단으로 분류할 수 있다. 전문가집단은 문화관광부 축제담당공무원, 각 지방자치단체 축제담당공무원, 시민단체 축제평가단, 각 축제조직위원회 담당자, 축제 관련 재단법인 관계자, 이벤트·축제 관련 대학교수, 관광 관련 단체 박사급 이상의 연구원, 축제 관련 매체 관계자 등 61명을 대상으로 하였다.

각 이해 관련 집단은 60명의 주최자집단을 포함하여 축제에 참가한 방문객 250명, 지역주민 250명을 선정하여 총 560명을 표본집단으로 하였다. 방문객과 지역주민은 축제에 참가하고 나오는 사람을 대상으로 하고 외부 전문가와 축제 주최자는 축제업무에 관여한 경험이 있는 사람을 대상으로 하였다.

3. 조사기간

조사기간은 전문가 조사와 집단별 설문조사를 별도로 나누어 진행하였으며, 전문가 조사는 크게 8단계로 나누어 실시하였다.

1단계는 2004년 5월 1일부터 5월 30일까지 문헌조사를 통하여 평가체계에 관한 고찰을 하였으며, 2단계는 6월 1일부터 6월 20일까지 축제평가체계와 평가항목 추출을 위하여 전문가 예비조사를 실시하였다.

3단계는 6월 21일부터 6월 30일까지 델파이 패널의 선정 및 델파이 설문지 구성을 실시하였으며, 4단계는 7월 1일부터 7월 30일까지 전문가들을 대상으로 델파이 1라운드 조사를 실시하였다.

5단계는 8월 1일부터 8월 30일까지 델파이 1라운드 응답자들을 대상으로 델파이 2라운드 조사를 실시하였으며, 6단계는 델파이 3라운드 조사로 델파이 2라운드 응답자들을 대상으로 9월 1일부터 9월 20일까지 조사를 실시하였다.

각 집단별 설문은 8월 21일부터 9월 20일 사이에 진행되었다. 8월 20일부터 8월 22일까지 전북 무주의 무주반딧불축제에서 설문을 실시하였으며, 9월 18일부터 9월 24일까지 평창의 효석문화제와 충남 금산의 금산인삼축제에서 설문을 실시하였다.

7단계는 9월 21일부터 9월 30일까지 델파이 전문가 조사에 의해 수집된 자료의 정리 및 분석을 실시하였으며, 8단계는 10월 1일부터 10월 10일까지 분석결과를 가지고 최종적인 평가체계를 구성하였다.

130

1단계	2004년 5월 1일 ~ 5월 30일 논자 문헌조사: 평가체계에 대한 고찰 및 조사목표 설정

2단계	2004년 6월 1일 ~ 6월 20일 예비조사 실시: 축제평가체계와 평가항목 추출

3단계	2004년 6월 21일 ~ 6월 30일 델파이 패널의 선정 및 델파이 설문지 작성

4단계	2004년 7월 1일 ~ 7월 30일 델파이 1라운드 설문지 배포 및 회수

5단계	2004년 8월 1일 ~ 8월 30일 델파이 2라운드 설문지 배포 및 회수

6단계	2004년 9월 1일 ~ 9월 20일 델파이 3라운드 설문지 배포 및 회수

7단계	2004년 9월 21일 ~ 9월 30일 자료의 정리 및 평가

8단계	2004년 10월 1일 ~ 10월 10일 최종적인 평가체계 구성

[그림 3-1] 델파이에 따른 조사시기와 내용

4. 조사방법

조사방법은 전문가를 대상으로 면접조사, 전자메일조사를 실시하였으며, 전문가 대상 면접과 전자메일조사는 논자와 이전에 전문가 조사 경험이 있는 이벤트전공 대학원생 2명에 의해 실시되었다. 이들 면접조사원들은 사전에 충분한 교육을 받고 현재 축제업무를 담당하고 있는 축제담당자와 학계와 업계에서 추천하는 전문가에 대하여 전화로 연구의 목적을 충분히 설명한 후 직접 방문하여 면접을 실시하였다.

각 집단별 설문조사는 이벤트를 전공하며, 이전에 설문조사 경험이 있는 대학생 5명이 사전에 충분한 교육을 받고 8월과 9월에 개최되는 축제의 지역에 직접 방문하여 현장에서 축제에 참가하고 나오는 방문객과 지역주민을 대상으로 설문을 실시하였다. 또한 현재 축제업무를 하고 있는 주최자에게 사전에 연구목적을 충분히 설명한 후 설문조사를 실시하였다.

설문지의 조사방법은 연구의 목적을 충분히 설명한 후 조사대상자에게 직접설문지를 기입하는 자기기입식 설문조사방법을 사용하였으며, 질문내용에 의미전달이 미흡한 부분은 조사자에 의해 보충하여 설명되었다.

또한 설문의 내용을 이해하기 어려운 60세 이상의 지역주민이나 방문객의 경우는 조사자가 해당 설문의 내용에 대한 설명을 한 후, 설문응답자의 응답을 듣고 조사자가 직접 설문지에 기입하였다.

제2절 연구모형과 연구의 흐름

1. 연구의 모형

자연과학은 사회과학과는 달리 통제된 실험실에서 실험과 관찰을 통해 인과관계를 규명하지만, 사회과학은 연구대상이 다종다양하며 현상에 따른 조건이 다르고 수시로 변하기 때문에 하나의 정해진 틀로 규명한다는 것은 매우 어려운 일이다.[132]

본 연구에서 연구의 범위를 우리나라의 문화관광축제로 연구의 범위를 한정하였지만 우리나라의 문화관광축제가 각기 다른 주제와 내용을 가지고 있기 때문에 하나의 통일된 평가의 체계로 구체화시키기에는 여러 가지 제약이 있다.

그러나 각 구성요소별로 전문가들의 의견을 반복하여 범위를 좁혀감으로써 하나의 최소 필요요건을 가진 평가의 체계를 구성하고자 하였으며, 각 집단의 의견을 반영함으로써 객관성을 유지하고자 하였다.

본 연구는 새로운 가설의 검증이나 새로운 현상에 대한 실증분석의 연구가 아니기 때문에 가설검증의 연구방법이 적합하지 않으며, 전체적인 축제평가의 체계를 구성해나가는 귀납법의 연구방법을 채택하였다.

종합적인 축제평가체계의 내용에는 평가체계에 대한 구성요소와 이들 구성요소들에 대한 선정절차, 그리고 선정된 구성요소들의 타당성과 적합성에 대한 검증으로 구성이 되어 있다.

이와 같은 연구의 틀은 각각의 연구방법과 단계에 의해 이루어진다.

평가체계의 구성요소를 파악하고 핵심적인 구성요소를 추출하기 위하여 예비조사를 실시한다.

평가 주체, 평가방법, 평가시기, 평가항목에 따른 기준의 내용을 추출하고 타당성과 적합성을 검증하기 위하여 델파이 조사를 실시한다.

방문객, 지역주민, 주최자의 다면평가시스템에 의하여 델파이 조사기법에서 추출된 평가항목을 가지고 항목의 중요도 조사를 실시하여 중요도에 따른 요인분석을 통하여 요인화를 실시한다.

---

132) 이봉석 외, 관광학 연구방법, 대왕사, 2001 : 48-51.

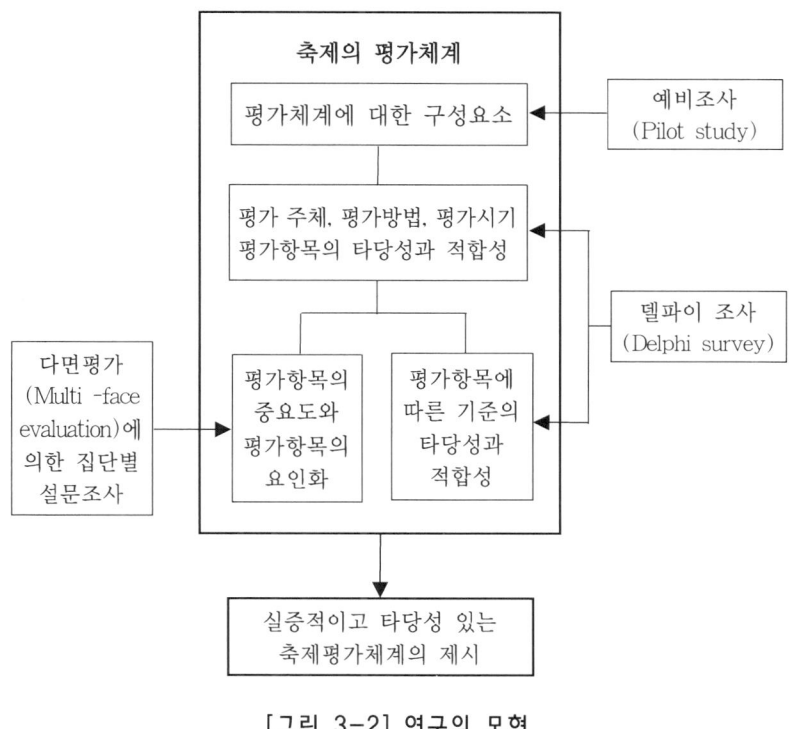

[그림 3-2] 연구의 모형

2. 연구의 흐름

축제의 평가체계는 평가 주체와 평가방법, 평가시기, 평가항목과 기준 등으로 구성되어 있다. 사전 예비조사를 통하여 축제평가체계에 관한 폭넓은 의견을 종합하고 평가 주체와 평가항목에는 어떤 내용이 있는지 조사를 실시한다.

전문가들의 면접과 예비조사의 결과를 토대로 델파이 1라운드의 설문을 구성한다. 델파이 1라운드에서는 평가 주체와 평가항목에 관하여 예비조사에서 나온 평가 주체와 평가항목을 선택하는 문항과 평가방법의 종류와 평가시기의 종류에 관한 문항을 포함하여 설문을 실시한다.

델파이 2라운드에서는 평가 주체의 선정에 따른 다면평가의 필요성에 관한 질문과 추출된 평가방법과 평가시기에 대한 선정을 한다. 또한 델파이 1라운드에서 나온 평가항목에 따른 각각의 기준 설정에 대한 설문을 실시하고 각각의 평가항목에 따른 평가 주체 집단의 선택을 실시한다.

델파이 3라운드에서는 선정된 평가 주체에 대한 적합성에 대한 설문과 선정된 평가방법과 평가시기에 관한 적합성에 관한 설문을 실시한다. 또한 2라운드에서 추출된 평가항목에 대한 기준의 적합성에 대한 질문과 중요도에 따른 가중치에 대한 비율에 대하여 질문을 실시한다.

2라운드에서 추출된 각 집단별 평가항목을 가지고 방문객, 지역 주민, 주최자 등 축제 관련 집단을 대상으로 집단별 설문조사를 실시한다. 평가항목에 필요성과 중요도에 관한 설문을 실시하여 나온 결과를 이용하여 요인분석을 실시하여 각 집단별 평가항목을 요인별로 묶어 평가항목의 틀을 구성한다.

델파이 3라운드에서 나온 결과를 가지고 평가 주체, 평가방법, 평가시기의 적합성에 관한 전문가의 최종적인 결과를 분석한다. 항목별 기준과 중요도에 따른 가중치와 집단별 평가항목의 요인분석의 결과를 바탕으로 최종의 축제평가체계를 구성한다.

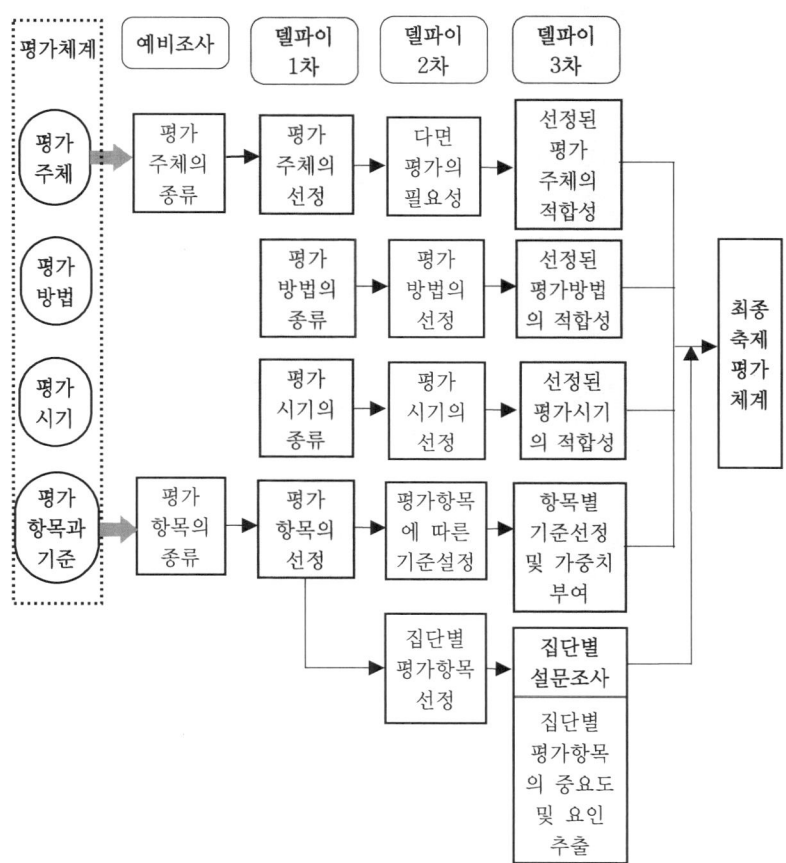

[그림 3-3] 연구의 흐름

제3절 설문지의 구성

1. 설문지의 개발절차

본 연구의 설문지 설계를 위하여 선행연구를 이용한 문헌조사와 전문가 심층면접조사를 사용하였다.

문헌조사는 질적 연구를 포함하여 델파이에 관련된 서적과 논문을 중심으로 선행연구를 참조하였다. 이경모(1998)의 연구,[133] 엄서호(1994)의 연구,[134] 이장춘(1985)의 연구,[135] 장병권(1992)의 연구,[136] 박창수(1998)의 연구,[137] 김종택(2002)의 연구를[138] 참고로 하여 평가체계에 관한 설문의 선정에 필요한 항목을 도출하였다.

평가항목에 대한 기준의 선정과 기준의 선정에 따르는 가중치의 부여와 관련된 설문항목은 평가항목이나 기준의 객관성이나 논리적인 타당성의 검증이 어려운 부분이다. 평가체계에 대한 방법론적 연구(methodological study)로서 평가체계와 관련된 선행연구의 평

---

133) 이경모, 이벤트여행상품 개발에 관한 연구, 경기대학교 대학원 박사학위논문, 1998.
134) 엄서호, 주제공원 서비스 질의 측정척도 개발에 관한 연구, 한국조경학회지 22(1), 1994: 25-38.
135) 이장춘, 한국의 복지관광정책 개발에 관한 연구, 동국대 대학원 박사학위논문, 1985.
136) 장병권, 한국 관광정책체계의 발전모형 정립에 관한 연구, 한양대학교 대학원 박사학위논문, 1992.
137) 박창수, 국제회의산업진흥정책에 관한 연구: 2000 ASEM을 계기로, 경기대학교 대학원 박사학위논문, 1998.
138) 김종택, 안면도 관광개발에 관한 연구: 서해안 고속도로 개통과 2002 안면도 꽃 박람회를 중심으로, 경기대학교 대학원 박사학위논문, 2002.

가기준이나 가중치 부여에 관한 설문지를 참조하였다.

한국행정연구원(1992)의 연구,[139] 김상태(1999)의 연구,[140] 한국 문화정책개발원(1999)의 연구,[141] 김철원(2000)의 연구,[142] Faulkner (1997)의 연구[143]를 참조하였다.

또한 김향자(2001)의 연구를 참조하였는데 김향자의 연구에서는 평가항목 및 기준도출을 위해 문헌과 관계공무원, 관광지 관리자와의 면접을 통해 1차적으로 평가항목을 도출하고 도출된 항목에 대한 전문가 응답집단을 통해 평가목적에 따른 평가항목의 구분, 개발 평가항목의 적정성 등을 검토하였다.[144]

전문가의 심층면접조사는 예비조사와 함께 실시하였으며, 전화와 직접면접을 통해 문화관광부 축제담당공무원과 각 축제조직위원회 담당자, 축제 관련 매체의 종사자와 본 연구와 관련하여 면접을 실시하였다.

면접을 통해 축제평가의 체계와 항목을 추출하였으며, 이론연구의 결과와 비교하여 검토하였다. 마지막으로 설문의 내용을 정확히 이해하지 못할 경우와 질문내용의 편견을 제거하고자 작성된 설문지를 이들에게 다시 제시하고, 의견을 주관식으로 자유롭게 기술하도록 요청하여 설문지 작성에 반영하였다.

139) 한국행정연구원, 정보통신정책 지표개발에 관한 연구, 1992: 33-36.
140) 김상태, 시·도 관광진흥평가시스템 개발, 한국관광연구원, 1999: 118-123.
141) 한국문화정책개발원, 문화기반시설 운영평가모델 개발 및 평가에 관한 연구, 1999: 10-15
142) 김철원, 관광산업 경쟁력 평가모델 개발, 한국관광연구원, 2000: 99-105.
143) Faulkner, A Model for the Evaluation National Tourism Destination Marketing Programs, Journal of Travel Research, Winter, 1997: 24.
144) 김향자, 관광지 평가체계 개발 및 운영방안, 한국관광연구원, 2001: 39-85.

2. 설문지의 구성

설문지의 구성은 개방형 설문과 폐쇄형 설문을 사용하였다. 개방형 설문(open-ended respcnse question)은 자유기술형 설문으로 응답자의 응답형태에 제한을 가하지 않고 자유롭게 표현하는 방법으로 탐색적 연구나 의사결정 초기단계에서 유용하게 사용할 수 있는 형태이다. 그러나 객관화가 어렵고 응답내용의 해석에 오류나 편견이 작용할 수 있다는 단점이 있으며, 응답을 하지 않는 무응답의 가능성도 큰 형태이다.

폐쇄형 설문(close-ended response question)은 사전에 논자가 응답 가능한 항목들을 미리 제시해 놓고 그중에서 선택하게 하는 형태로써 체크리스트 등위형, 선다형, 척도형 등이 이러한 형태에 속한다. 이 경우에는 논자가 충분한 사전 검토를 통해 응답 가능한 모든 항목들을 포괄할 수 있도록 문항을 제시해주어야 하며, 기타 항목을 포함시켜 이외에 다른 응답에 대해서도 기입할 수 있도록 한다.

또한 각 항목들은 내용이나 범위가 중복되어서는 안 되며, 상호배타적인 특성을 지녀 한 응답자가 하나의 항목만 선택할 수 있도록 작성해야 한다. 폐쇄형 설문은 채점이나 코딩이 간편하고 응답항목이 명확하여 응답자들이 신속하게 응답할 수 있다는 장점 때문에 많이 사용되고 있다.[145]

본 연구조사의 설문지는 예비조사, 델파이 조사, 각 집단별 설문조사 등 3개 부분으로 구성되어 있다.

---

145) 박도순, 질문지작성방법론, 교육과학사, 2004: 34.

　예비조사는 축제평가체계와 평가 주체, 평가항목에 대한 개괄적인 질문으로 개방형 설문을 사용하였다. 축제평가체계에 관한 1문항, 평가항목에 관한 1문항, 평가항목은 운영, 시설, 프로그램, 홍보 등 기타부분으로 총 7개 문항으로 구성되어 있다.

　델파이 1라운드 설문지는 축제평가의 방법에 대한 종류와 평가시기의 종류, 평가 주체에 대한 선택에 관한 3문항과 축제평가의 항목에 대한 필요성에 대한 문항 77문항 등 총 80문항으로 이루어졌으며, 평가방법과 평가시기에 대한 문항은 개방형 설문으로 이루어졌다.

　델파이 2라운드 설문지는 축제평가방법과 시기, 다면평가의 필요성에 관한 항목과 축제평가항목에 따른 기준에 관한 문항과 평가 주체의 선택에 관한 부분으로 이루어져 있다. 축제평가방법에 관한 1문항, 축제평가시기에 관한 1문항, 다면평가의 필요성에 관한 1문항, 다면평가의 중요성에 관한 1문항, 평가항목에 따른 기준의 설정에 관한 71문항, 그리고 평가 주체의 선택에 관한 문항 71문항을 포함하여 5개 부분 146문항으로 구성되었다.

　델파이 3라운드 설문지는 각 축제평가항목의 중요도와 기준의 적합성에 관한 설문으로 축제평가항목의 중요도에 관한 71문항과 축제평가항목에 따르는 기준의 적합성에 관한 71문항으로 총 142문항으로 구성되었다.

　각 집단별 설문지는 방문객용, 지역주민용, 주최자용으로 구성되었다. 방문객용은 축제평가항목의 중요성에 관한 42문항과 거주지를 포함한 인구통계학적인 항목 7항목을 포함하여 총 49문항으로 구성되었다. 지역주민용은 축제평가항목의 중요성에 관한 30문항과 현재 해당 지역에 거주한 거주연한에 관한 항목을 포함하여 총 37

140

문항으로 구성되었다. 주최자용은 축제평가의 중요성에 관한 45문항과 축제업무 관련 경력에 관한 항목을 포함하여 총 52문항으로 구성되었다.

제4절 자료수집과 분석방법

1. 자료의 수집

본 연구의 조사는 예비조사, 전문가 델파이 조사, 각 집단별 설문조사, 등의 3단계로 이루어졌다. 전문가 예비조사에서는 면접원이 해당 전문가를 직접 방문하여 조사가 이루어졌으며 원거리에 있거나 시간이 충분치 않은 경우, 사전에 전화로 조사의 내용을 충분히 설명한 후 전자메일로 받아서 회수하였다. 평가 주체와 항목에 대한 폭넓은 조사를 위해 개방형 설문을 사용하였다.

총 55명의 예비조사 대상자 중 면접에 응하지 않은 응답자와 면접을 하였으나 설문회수에 응하지 않은 응답자 23명을 제외하고 32부의 설문을 회수하였다.

각 집단별 설문조사에서는 설문조사자가 직접 축제장에 방문하여 설문을 실시하였다. 전북 무주의 무주반딧불축제, 충남 금산의 금산인삼축제, 강원도 평창의 효석문화제 등 3개 축제장에서 주말과 주중 이틀 동안 축제에 참가하고 나오는 방문객과 지역주민, 그리고 축제를 주최하고 있는 주최자를 대상으로 설문을 실시하였다.

총 500부의 설문을 수집하였으며 무주반딧불축제에서 200부, 금산인삼축제에서 150부, 평창효석문화제에서 150부를 회수하였다. 이 중 응답내용이 유효하지 않은 것으로 판단되는 64개의 설문지를 제외하고 모두 446부를 실증분석에 사용하였다.

2. 분석방법

수집된 자료의 통계처리는 자료의 편집(editing), 데이터코딩(datacoding), 자료의 오류를 찾아내서 이를 수정하는 정선(cleaning)과정을 거쳐서[146] 최종 수정된 자료를 사회과학 통계패키지인 SPSS10.0을 사용하여 빈도분석(frequence analysis), 요인분석(factor analysis)을 이용하여 분석하였다.

---

146) 홍두진·이명진, 사회조사분석의 실제, 다산출판사, 2001: 11

제4장 분석결과

제1절 전문가 예비조사의 결과

전문가 예비조사는 축제평가의 체계에 관한 구성요소, 축제의 평가 주체, 평가항목 등을 추출하기 위한 사전조사로 축제와 관련된 전문가들을 대상으로 실시하였다.

전문가집단은 문화관광부 축제담당자, 서울과 지방의 각 축제 담당공무원, 축제 관련 재단법인이나 축제조직위원회 담당자, 축제 관련 매체관계자, 시민단체나 축제 관련 단체의 축제평가위원, 축제와 관광 관련 대학교수, 박사급 이상의 연구원을 대상으로 하였으며, 총 55명으로 구성되었다.

연구과정에 대한 전문가들의 의견을 듣고 축제평가항목이나 축제평가 주체에 대한 의견을 직접 반영하기 위하여 주로 직접 면접의 형태로 설문조사를 실시하였으며, 원거리에 있는 조사대상자는 전화로 충분히 내용을 설명한 후 전자메일의 응답형태를 이용하였다.

총 55명의 예비조사대상자 중 32부를 회수하였으며 이중 분석에 적합하지 않은 2부를 제외한 30부를 분석에 사용하였다.

내용은 축제평가체계에 관한 구성요소를 묻는 문항과 축제평가 주체의 종류를 묻는 문항, 그리고 축제평가항목을 묻는 문항으로 구성되었다.

1. 축제평가체계 조사결과

축제평가와 관련된 평가체계에 관한 전문가 예비조사에서 평가
주체와 평가대상(평가 객체), 평가방법, 평가시기, 평가항목, 평가
기준 등이 축제평가의 구성요소로 제시되었다. 기타 평가의 목적과
목표, 평가기관 등의 내용도 제시되었다. 이 중에서 전문가의 의견
을 종합하여 빈도수가 높은 평가 주체, 평가방법, 평가시기, 평가항
목과 기준 등을 델파이 조사에 반영하였다.

2. 축제평가 주체 조사결과

축제평가의 주체(평가자)에 관한 내용은 방문객, 외부 전문가,
주최자, 지역주민 등이 평가집단으로 제시되었으며, 그 외에도 후
원자(스폰서), 행사대행업체, 전시참여업체, 지역의 언론, 자원봉사
자, NGO(시민단체) 등이 포함되었다.
이 중에서 전문가의 의견을 종합하여 빈도수가 높은 외부 전문
가, 방문객, 지역주민, 주최자, 기타 참여업체 등을 델파이 조사에
반영하였다.

3. 축제평가항목 조사결과

축제평가의 항목에 관한 내용은 운영, 시설, 프로그램, 기타 등의
분야에서 전문가들이 평가항목을 폭넓게 제시하였으며, 이 중 빈도

수가 높은 평가항목을 선정하여 전문가의 심층면접을 통하여 〈표 4-1〉과 같은 총 80개의 항목을 추출하였다.

프로그램으로는 주제 관련 프로그램, 세분시장 프로그램, 체험프로그램, 야간프로그램, 주민참여 프로그램, 참가자의 호응 등이 추출되었고, 시설로는 그늘막, 피크닉이 가능한 무료휴게공간, 미아보호소, 종합불편 신고센터, 행사장청결, 인터넷라운지 등이 추출되었다.

운영으로는 개최지역까지의 교통수단, 인터넷홍보, 전년도 평가문제점 개선, 우천시대책, 미디어 노출빈도 등이 추출되었고, 기타 항목으로는 재정 자립도, 축제의 재정에 있어 적립금, 주민참여조직, 관리자의 경력과 자격, 지역고용의 증가, 자원봉사 참여율, 참여업체 선정의 투명성, 지역주민의 여가참여기회 확대 등이 추출되었다.

〈표 4-1〉 축제평가항목에 관한 전문가 예비조사 추출항목

	축제평가의 항목(총 80항목)
프로그램	주제 관련 프로그램, 세분시장별 프로그램, 체험프로그램, 야간프로그램, 프로그램 내용의 완성도, 참가자의 호응, 주민참여 프로그램, 판매품목의 다양성, 주제 관련 상품, 지역특산물, 관광코스연계 프로그램(교통편 등)
시 설	장애인 편의시설, 무료휴게공간(그늘막, 피크닉장), 숙박시설의 청결, 유아시설(유모차, 유아휴게실), 숙박시설의 행사장까지의 접근, 은행 또는 현금지급기, 예약의 편리성, 인터넷라운지, 일일 최대수용인원, 종합불편 신고센터, 다양한 등급, 행사장 청결, 등급별 가격, 동선 및 배치, 주차시설, 종합안내소, 일일 최대 운송량, 안내요원 수(참가자대비), 행사장배치도 및 안내책자, 상시청소인력, 쓰레기 처리, 매장 내 청결, 응급시설, 종업원의 친절, 미아보호소 메뉴의 다양성, 음식의 가격, 종업원의 친절, 화장실시설(장애인, 청결), 지역특성음식, 판매품목의 가격
운 영	행사장까지의 교통수단(대중교통시설), 행사지역 내의 교통수단, 교통 혼잡 정도, 교통안내시설, 쾌적성(행사장 수용능력), 우천시대책, 미디어 노출빈도(각 매체별), 화재대책, 홍보이벤트, 안전사고대책, 인터넷홍보, 행사보험, 국외홍보, 청소년 탈선 예방 프로그램, 홈페이지(외국어지원, 컨텐츠, 숙박 및 입장권예매 가능 여부, 커뮤니티기능), 전년도 평가 문제점개선, 비수기 개최, 보고서 발간, 여행사연계 시스템, 기록물보존(영상, 사진)
기 타	재정 자립(스폰서, 입장수익비율), 지역주민의 참여도, 적립금, 주민참여 조직, 참여업체 선정의 투명성, 자원봉사 참여율, 공연시설(무대, 음향, 조명), 전문인력보유(이벤트, 관광, 홍보), 방문객지출비용, 관리자의 경력과 자격, 지역 상품판매 증가(인근지역포함), 자원봉사 조직구성, 지역고용의 증가, 자원봉사 관리체계, 자원봉사자의 전문성, 축제를 통한 지역이미지 제고, 지역주민의 여가참여기회 확대, 지역문화 수준의 상승 등 전체 총 80개 항목

제2절 델파이 조사결과

델파이 패널은 〈표 4-2〉와 같이 관광 및 축제 관련 대학교수 등 학계가 25명으로 41.0%, 문화관광부, 지방자치단체 축제담당 공무원 은 10명으로 16.4%, 관광 관련 연구기관의 연구원은 9명으로 14.8% 로 구성되었다.

또한 축제월간지, 축제포탈사이트 운영자 등 매체관계자가 4명으로 6.5%로 구성되었으며 문예진흥원, 문화연대, 축제조직위원회나 축제 관련 재단법인 등의 상근직이 5명으로 8.2%, 축제 관련 대행사 담당자가 8명으로 13.1%로 총 61명으로 구성되었다.

〈표 4-2〉 델파이 패널 구성

분 야	내 용	인 원	구성비율(%)
학 계	관광 및 축제 관련 전공교수	25	41.0
관 계	문화관광부, 지방자치단체 축제담당	10	16.4
연구기관	관광 관련 연구기관	9	14.8
언론계	축제월간지, 축제포털사이트	4	6.5
관련 단체	문예진흥원, 문화연대, 축제재단법인	5	8.2
업 계	축제대행사	8	13.1
계		61	100

델파이 조사결과 전체 델파이 응답자에 대한 응답률은 〈표 4-3〉 과 같이 평균 31명으로 51.9%로 나타났다.

각 델파이라운드별 응답률은 전체 델파이 조사 응답집단 61명을 기준으로 1라운드는 36명으로 59.0%로 나타났고, 2라운드는 30명으로 49.2%, 3라운드는 29명으로 47.5%로 나타났다.

⟨표 4-3⟩ 델파이 전문가 조사 응답률(%)

구 분	응답자 수(전체 61명)	비율(100% 기준)
1라운드	36명	59.0
2라운드	30명	49.2
3라운드	29명	47.5
평 균	31명	51.9

1. 델파이 1라운드 조사결과

델파이 1라운드는 전문가 예비조사에서 나온 평가 주체에 대한 여러 집단 중에서 평가 주체 집단을 선정하는 문항과 평가방법에 관한 종류를 질문하는 문항, 평가시기에 관한 종류를 질문하는 문항으로 이루어져 있다. 또한 예비조사에서 추출된 평가항목에 대하여 각 평가항목의 필요성을 질문하는 내용이 포함되었다.

1) 평가 주체에 관한 내용

평가 주체에 관한 델파이 1라운드 조사결과는 ⟨표 4-4⟩와 같다. 평가 주체에 관한 외부 전문가, 방문객, 지역주민, 주최자, 기타 참여업체 중 평가 주체 집단을 선택하는 복수응답의 형태로써 질문을 하였으며, 응답은 총 80명의 빈도로 나타났다.

외부 전문가가 19명으로 응답항목에 대한 비율이 23.8%, 전체 응답자에 대한 비율이 63.3%로 나타났다. 방문객은 24명으로 응답 항목에 대한 비율이 30.0%로 나타났으며, 전체 응답자에 대한 비율은 80.0%로 나타났다.

지역주민은 21명으로 응답항목에 대한 비율이 26.3%로 나타났으며, 전체 응답자에 대한 비율은 70.0%로 나타났다. 주최자가 12명으로 응답항목에 대한 비율이 15.0%로 나타났으며, 전체 응답자에 대한 비율은 40.0%로 나타났다.

방문객이 제일 높은 수치로 나타났으며, 지역주민, 외부 전문가, 주최자 순으로 나타났다.

기타(참여업체나 대행사)는 4명으로 응답항목에 대한 비율이 5.0%로 나타났으며, 응답자에 대한 비율이 13.3%로 나타나 다른 평가집단에 비하여 낮은 수치로 나타났다.

〈표 4-4〉 평가 주체에 관한 분석결과

구 분	내 용	빈도(명)	항목에 대한 비율(%)
평가 주체	외부 전문가	19	23.8
	방문객	24	30.0
	지역주민	21	26.3
	주최자	12	15.0
	기타(참여업체, 대행사 등)	4	5.0
합 계		80	100.0

유효표본 수: 30 cases.

2) 평가방법에 관한 내용

평가방법에 대한 델파이 전문가 조사 1라운드에서는 방문객 설문조사, 전문가 참관조사, 데이터 자료 분석(참가자 수, 후원금, 티켓판매량 등), 심층면접(참가자, 주최자), 경제적 영향평가(ROI), 경제적 수익모델(TCM기법 등), 사회문화적 파급효과 분석 등의 내용이 포함되었다. 이 중에서 전문가의 의견을 종합하여 빈도수에 따라 설문조사, 참여관찰, 데이터 자료 분석, 심층면접, 경제적 영향평가 등을 2라운드 설문에 반영하였다.

3) 평가시기에 관한 내용

평가시기에 관한 내용은 축제의 시행 전 평가(타당성평가, 실행가능성 평가, 준비평가)와 실행평가(모니터링), 그리고 사후평가의 3가지 시점의 평가로 나타났으며, 같은 시점의 동일한 차후 년도의 평가를 시행하는 시계열평가 등도 포함되었다.

4) 평가항목의 필요성에 관한 분석결과

축제평가항목의 필요성에 대한 분석결과는 〈표 4-5〉와 같다. 총 80개의 항목 가운데 내용이 중복되는 상시청소인력, 행사장 청결, 국외홍보 등 3개의 문항을 제외한 77항목을 가지고 필요성 여부에 대한 설문을 실시하였다.

평가항목에 대한 응답은 항목별로 약간의 차이를 보이고 있으나 각 항목에 대한 평균값은 24.9명으로 83.2%로 나타났다.

프로그램 내용의 완성도, 동선 및 배치, 행사장배치도와 안내책 자, 홈페이지(외국어 지원, 컨텐츠, 숙박 및 입장권예약 가능 여부, 커뮤니티기능) 등의 항목과 사회문화적인 효과에 있어 지역주민의 여가참여기회 확대 등 5개 항목이 96.7%로 나타났다.

화장실시설, 무료휴게공간, 종합안내소, 참가자대비 안내요원의 수, 관광코스연계시스템, 쓰레기 처리, 홍보이벤트, 스폰서비율 등 의 재정 자립도, 전년도 평가문제점 개선, 지역이미지 제고 등 10 개 항목이 각각 28명으로 93.3%로 나타났다.

응급시설, 미아보호소, 장애인 편의시설, 미디어 노출빈도, 인터 넷홍보, 주제와 관련된 상품, 지역주민의 참여도, 자원봉사 관리체 계, 주차시설, 우천시대책, 화재대책, 안전사고대책, 무대·음향 등 의 공연시설, 지역문화수준의 향상, 주제 관련 프로그램 등 15개 항목이 27명으로 90.0%로 나타났다.

또한 체험프로그램, 참가자의 호응, 주민참여 프로그램, 행사장 수용능력, 음식 관련 종업원의 친절, 판매품목의 가격, 숙박시설의 청결, 개최지역까지의 교통수단, 교통안내시설, 경제적인 효과에 있 어 지역상품 판매의 증가 등이 26명으로 86.7%로 나타났으며, 종 합불편 신고센터, 음식의 가격, 여행사 연계시스템, 이벤트, 홍보 등의 전문인력 보유, 행사지역 내의 교통수단, 행사보험, 보고서 발 간, 기록물, 참여업체 선정의 투명성, 지역고용의 증가가 25명으로 83.3%로 나타났다.

〈표 4-5〉 축제평가항목의 필요성에 관한 설문결과

항 목	필요성 여부		항 목	필요성 여부	
	명	%		명	%
1. 프로그램내용의 완성도	29	96.7	40. 행사지역까지의 교통수단	26	86.7
2. 동선 및 배치	29	96.7	41. 교통안내시설	26	86.7
3. 행사장배치도 및 안내책자	29	96.7	42. 지역상품 판매의 증가	26	86.7
4. 홈페이지	29	96.7	43. 종합불편 신고센터	25	83.3
5. 지역주민의 여가참여기회확대	29	96.7	44. 여행사 연계시스템	25	83.3
6. 화장실시설	28	93.3	45. 전문인력 보유(이벤트, 홍보)	25	83.3
7. 무료휴게공간(그늘막 등)	28	93.3	46. 자원봉사 조직구성	25	83.3
8. 종합안내소	28	93.3	47. 음식의 가격	25	83.3
9. 안내요원의 수(참가자대비)	28	93.3	48. 행사지역 내의 교통수단	25	83.3
10. 쓰레기 처리	28	93.3	49. 행사보험	25	83.3
11. 홍보이벤트	28	93.3	50. 보고서 발간	25	83.3
12. 관광코스연계(교통편 등)	28	93.3	51. 기록물보존(영상, 사진)	25	83.3
13. 재정 자립(스폰서비율 등)	28	93.3	52. 참여업체선정의 투명성	25	83.3
14. 전년도 평가문제점 개선	28	93.3	53. 지역고용의 증가	25	83.3
15. 지역이미지 제고	28	93.3	54. 지역특성음식	24	80.0
16. 응급시설	27	90.0	55. 쇼핑종업원의 친절	24	80.0
17. 미아보호소	27	90.0	56. 지역특산물	24	80.0
18. 장애인편의시설	27	90.0	57. 행사장까지의 접근성	24	80.0
19. 주차시설(참가자 수 기준)	27	90.0	58. 주민참여조직	23	76.7
20. 미디어 노출빈도(매체별)	27	90.0	59. 자원봉사 참여율	23	76.7
21. 인터넷홍보(메일, 베너)	27	90.0	60. 세분시장별 프로그램	23	76.7
22. 지역주민의 참여도	27	90.0	61. 음식 메뉴의 다양성	23	76.7
23. 자원봉사 관리체계	27	90.0	62. 방문객 지출비용	23	76.7
24. 주제 관련 상품	27	90.0	63. 교통 혼잡 정도	22	73.3
25. 우천시대책	27	90.0	64. 비수기 개최	21	70.0
26. 화재대책	27	90.0	65. 자원봉사자의 전문성	21	70.0
27. 안전사고대책	27	90.0	66. 쇼핑판매 품목의 다양성	21	70.0
28. 공연시설(무대, 음향)	27	90.0	67. 숙박시설 최대수용인원	21	70.0
29. 지역문화 수준의 향상	27	90.0	68. 일일 최대 운송량	21	70.0
30. 주제 관련 프로그램	27	90.0	69. 적립금 유무	21	70.0
31. 체험프로그램	26	86.7	70. 야간프로그램	19	63.3
32. 참가자의 호응	26	86.7	71. 은행 또는 현금지급기	19	63.3
33. 주민참여 프로그램	26	86.7	72. 인터넷라운지	18	60.0
34. 유아시설(유아휴게실)	26	86.7	73. 관리자의 경력과 자격	17	56.7
35. 행사장수용능력	26	86.7	74. 숙박시설 예약의 편리성	17	56.7
36. 음식종업원의 친절	26	86.7	75. 숙박시설의 다양한 등급	14	46.7
37. 쇼핑 매장 내의 청결	26	86.7	76. 숙박시설의 등급별 가격	14	46.7
38. 쇼핑판매품목의 가격	26	86.7	77. 청소년 탈선 예방 프로그램	15	50.0
39. 숙박시설의 청결	26	86.7			

인터넷라운지가 18명으로 60.0%, 관리자의 경력과 자격이 17명으로 56.7%, 숙박시설 예약의 편리성이 17명으로 56.7%, 숙박의 다양한 등급이 14명으로 46.7%, 숙박의 다양한 등급에 따르는 등급별 가격이 14명으로 46.7%, 청소년 탈선 예방이 15명으로 50.0%로 나타났다.

본 연구에서는 필요성에 대한 비율이 현저하게 떨어지는 60%이하의 6개 항목을 제외한 71개 항목을 각 집단별 설문조사 항목에 포함하였다.

2. 델파이 2라운드 조사결과

델파이 2라운드에서는 델파이 1라운드에서 선정된 평가 주체 집단에 대한 다면평가의 필요성과 중요성에 대한 내용을 5점 척도로 질문하였다.

또한 1라운드에서 제시된 평가방법에 대한 선정의 문항과 평가시기에 대한 선정의 문항이 포함되었다.

그리고 1라운드에서 제시된 평가항목에 대한 집단의 선택에 대한 질문(다중응답)과 선정된 평가항목에 대한 기준을 제시하는 질문이 포함되었다.

1) 평가 주체에 대한 다면평가의 필요성과 중요성에 대한 결과

다면평가의 필요성에 대한 분석결과는 〈표 4-6〉과 같다. '필요하다'가 6명으로 20.0%로 나타났으며, '매우 필요하다'는 24명으로

80.0%로 나타났다. 평균은 4.80, 표준편차는 0.4068, 분산은 0.1655
로 나타났다.

축제평가에 대한 다면평가의 필요성에 대한 전문가들의 견해는
대부분 필요성을 인식하고 있는 것으로 나타났다.

〈표 4-6〉 다면평가의 필요성에 대한 분석결과

내 용	항 목	빈도(명)	비율(%)	평 균	표준편차	분 산
다면 평가의 필요성	매우 필요하지 않다	0	0	4.80	.4068	.1655
	필요하지 않다	0	0			
	보통이다	0	0			
	필요하다	6	20.0			
	매우 필요하다	24	80.0			
합 계		30	100.0	-	-	-

또한 다면평가의 중요성에 대한 응답결과는 '매우 중요하다'가
17명으로 56.7%로 나타났고 '중요하다'가 12명으로 40.0%로 나타
났다. 평균은 4.5333으로 나타났고, 표준편차는 0.5713, 분산은
0.3264로 나타났다.

다면평가의 필요성과 마찬가지로 중요성에 대한 인식도 매우 높
은 것으로 나타났다.

〈표 4-7〉 다면평가의 중요성에 대한 분석결과

내 용	항 목	빈도(명)	비율(%)	평 균	표준편차	분 산
다면 평가의 중요성	매우 중요하지 않다	0	0	4.5333	.5713	.3264
	중요하지 않다	0	0			
	보통이다	3.3	3.3			
	중요하다	12	40.0			
	매우 중요하다	17	56.7			
합 계		30	100.0	-	-	-

2) 평가방법에 대한 조사결과

평가방법에 관한 델파이 2라운드 조사결과, 방문객 설문조사가 28명으로 응답항목에 대한 비율이 32.6%, 응답자에 대한 비율은 93.3%로 나타났다. 참여관찰은 20명으로 응답항목에 대한 비율이 23.3%, 응답자에 대한 비율이 66.7%로 나타났다. 또한 데이터 자료에 의한 방법은 응답항목에 대한 비율이 19명으로 22.1%로 나타났고, 응답자에 대한 비율이 63.3%로 나타났다. 심층면접이 6명으로 응답항목에 대한 비율이 7.0%, 응답자에 대한 비율이 20.0%로 나타났으며, 경제적 영향 측정방법은 응답항목에 대한 비율이 13명으로 15.1%, 응답자에 대한 비율이 43.3%로 나타났다.

〈표 4-8〉 평가방법에 관한 응답결과

내 용	항 목	빈도(명)	응답항목에 대한 비율(%)	응답자에 대한 비율(%)
	방문객 설문조사	28	32.5	93.3
	참여관찰	20	23.3	66.7
평가방법	데이터 자료	19	22.1	63.3
	심층면접	6	7.0	20.0
	경제적 영향 측정	13	15.1	43.3
합 계		80	100.0	-

유효표본 수: 30 cases.

3) 평가시기에 대한 분석결과

평가시기에 대한 분석결과, 사전평가가 5명으로 응답항목에 대한 비율이 8.6%, 전체 응답자에 대한 비율은 16.7%로 나타났다. 실행평가는 24명으로 응답항목에 대한 비율이 41.4%, 전체 응답자에 대한 비율이 80.0%로 나타났다.

또한 사후평가는 응답항목에 대한 비율이 29명으로 50.0%로 나타났고, 전체 응답자에 대한 비율이 96.7%로 나타났다.

평가시기에 있어서는 사전평가에 비해 실행평가와 사후평가의 빈도가 높게 나타났다.

〈표 4-9〉 평가시기에 대한 분석결과

구 분	내 용	빈도(명)	항목에 대한 비율(%)	응답자에 대한 비율(%)
평가시기	사전평가	5	8.6	16.7
	실행평가	24	41.4	80.0
	사후평가	29	50.0	96.7
합 계		58	100.0	-

유효표본 수: 30 cases.

4) 각 항목별 평가 주체에 대한 분석결과

각 항목별 평가 주체에 대한 분석결과는 〈표 4-10〉과 같다. 각 항목별 총 71문항 중 평가집단의 다중응답 결과에서 비율이 20%가 넘는 항목을 각각의 평가 주체 항목으로 구분하였다.

외부 전문가는 주제 관련 상품, 전문인력 보유, 자원봉사 관리체계, 우천시대책, 재정 자립, 지역주민의 참여도, 지역이미지 제고, 지역주민의 여가참여기회 확대, 지역문화수준의 향상 등을 포함하여 총 65개 항목이 추출되었다.

방문객은 세분시장 프로그램의 유무, 화장실의 규모와 관리상태,

종합안내소, 미디어 노출빈도, 메뉴의 다양성, 음식의 가격, 판매품
목의 가격, 숙박시설의 청결, 주차시설, 개최지역까지의 교통수단,
개최지역 내의 교통수단, 무대·음향 등의 공연시설 등을 포함하여
총 41개 항목이 추출되었다. 공통평가를 포함하여 방문객의 평가항
목은 총 42개 항목으로 구성되었다.

주최자는 동선 및 배치, 참가자 대비 안내요원의 수, 행사장 수
용능력, 지역주민의 참여도, 자원봉사 참여율, 숙박시설의 일일 최
대 수용인원, 교통 혼잡의 정도, 교통안내시설, 우천시대책, 화재대
책, 전년도 평가문제점 개선, 보고서 발간, 기록물 보존, 참여업체
선정의 투명성, 지역고용의 증가 등 총 30개 항목이 추출되었다.
공통항목을 포함하여 총 42개 항목으로 구성되었다.

지역주민은 주민참여 프로그램, 지역주민의 참여도, 주민참여 조
직의 유무, 자원봉사 참여율, 지역특산물의 유무, 지역상품 판매의
증가, 지역고용의 증가, 지역이미지 제고, 지역주민의 여가참여 기
회확대, 지역문화수준의 향상 등 총 11개의 항목이 추출되었다. 공
통평가항목을 포함하여 총 30개의 항목으로 구성되었다.

공통평가항목으로는 주제 관련 프로그램, 체험프로그램, 야간프로
그램, 프로그램 내용의 완성도, 참가자의 호응, 쓰레기 처리 등의 환
경관리, 홍보이벤트, 화장실의 규모와 관리상태, 응급시설, 미아보호
소, 장애인 편의시설, 그늘각 등의 무료휴게시설, 종합불편 신고센터,
행사장청결, 종합안내소, 행사장 수용능력, 매체별 미디어 노출빈도,
메일 등의 인터넷홍보, 홈페이지의 운영, 메뉴의 다양성, 쇼핑판매 품
목의 다양성, 지역특산물 등을 포함하여 21개의 항목이 추출되었다.

〈표 4-10〉 각 항목별 평가 주체에 관한 다중응답 설문결과 -a

항 목	평가 주체										합 계	
	전문가		방문객		주최자		지역주민		전체공통			
	명	%	명	%	명	%	명	%	명	%	명	%
1. 주제 관련 프로그램	13	31.0	7	16.7	6	14.3	2	4.6	14	33.3	42	100.0
2. 세분시장 프로그램	11	26.2	12	28.6	7	16.7	4	9.5	8	19.0	42	100.0
3. 체험프로그램	5	12.2	14	34.1	2	4.9	7	17.1	13	31.7	41	100.0
4. 야간프로그램	8	29.6	3	11.1	3	11.1	3	11.1	10	37.0	27	100.0
5. 프로그램내용의 완성도	15	35.7	10	23.8	7	16.7	3	7.1	7	16.7	42	100.0
6. 참가자의 호응	5	11.6	15	34.9	5	11.6	6	14.0	12	27.9	43	100.0
7. 주민참여프로그램	6	14.3	6	14.3	3	7.1	20	47.6	7	16.7	42	100.0
8. 화장실(규모, 관리상태)	9	20.9	18	41.9	3	7.0	1	2.3	12	27.9	43	100.0
9. 응급시설	8	21.1	13	34.2	5	13.2	0	0	12	31.6	38	100.0
10. 미아보호소	7	18.4	20	52.6	2	5.3	0	0	9	23.7	38	100.0
11. 장애인 편의시설	9	22.5	19	47.5	2	5.0	1	2.5	9	22.5	40	100.0
12. 무료휴게공간(그늘막)	10	23.8	18	42.9	3	7.1	2	4.8	9	21.4	42	100.0
13. 유아시설(유아휴게실)	5	13.9	21	58.3	2	5.6	3	8.3	5	13.9	36	100.0
14. 은행 또는 현금지급기	6	19.4	17	54.8	2	6.5	2	6.5	4	12.9	31	100.0
15. 종합불편 신고센터	9	23.7	15	39.5	4	10.5	2	5.3	8	21.1	38	100.0
16. 동선 및 배치	17	32.7	16	30.8	12	23.1	0	0	7	13.5	52	100.0
17. 종합안내소	10	22.2	14	31.1	5	11.1	2	4.4	14	31.1	45	100.0
18. 안내요원 수(참가자대비)	12	30.8	13	33.3	8	20.5	1	2.6	5	12.8	39	100.0
19. 행사장배치도, 안내책자	12	25.0	17	35.4	9	18.8	3	6.3	7	14.6	48	100.0
20. 쓰레기 처리	10	22.7	13	29.5	6	13.6	5	11.4	10	22.7	44	100.0
21. 쾌적성(행사장수용능력)	9	25.0	11	30.6	8	22.2	0	0	8	22.2	36	100.0
22. 미디어 노출빈도(매체별)	12	31.6	9	23.7	7	18.4	2	5.3	8	21.1	38	100.0
23. 홍보이벤트	11	26.8	11	26.8	7	17.1	3	7.3	9	22.0	41	100.0
24. 인터넷홍보(메일, 배너)	13	33.3	10	25.6	6	15.4	2	5.1	8	20.5	39	100.0
25. 홈페이지(외국어, 컨텐츠, 숙박, 커뮤니티기능)	12	25.5	11	23.4	6	12.8	5	10.6	13	27.7	47	100.0
26. 비수기 개최	11	33.3	5	15.2	6	18.2	7	21.2	4	12.1	33	100.0
27. 여행사연계 시스템	11	31.4	6	17.1	10	28.6	2	5.7	6	17.1	35	100.0
28. 관광연계(교통편 등)	15	31.3	14	29.2	7	14.6	4	8.3	8	16.7	48	100.0
29. 지역주민의 참여도	12	23.5	2	3.9	11	21.6	19	37.3	7	13.7	51	100.0
30. 주민참여 조직	13	28.3	2	4.3	10	21.7	16	34.8	5	10.9	46	100.0
31. 자원봉사 참여율	10	25.0	2	5.0	8	20.0	14	35.0	6	15.0	40	100.0
32. 전문인력 보유(이벤트, 관광, 홍보)	15	38.5	3	7.7	12	30.8	4	10.3	5	12.8	39	100.0
33. 자원봉사 조직구성	17	37.8	2	4.4	15	33.3	8	17.8	3	6.7	45	100.0
34. 자원봉사 관리체계	18	37.5	3	6.3	15	31.3	9	18.8	3	6.3	48	100.0
35. 자원봉사자의 전문성	17	37.0	4	8.7	14	30.4	7	15.2	4	8.7	46	100.0

화장실의 규모와 관리상태, 응급시설, 미아보호소, 장애인 편의시설, 그늘막 등의 무료휴게시설, 종합불편 신고센터, 행사장청결, 종합안내소, 행사장 수용능력, 매체별 미디어 노출빈도, 메일 등의 인

터넷홍보, 홈페이지의 운영, 메뉴의 다양성, 쇼핑판매 품목의 다양
성, 지역특산물 등을 포함하여 21개의 항목이 추출되었다.

〈표 4-10〉 각 항목별 평가 주체에 관한 다중응답 설문결과 -b

| 항 목 | 평가 주체 | | | | | | | | | | 합 계 | |
| | 전문가 | | 방문객 | | 주최자 | | 지역주민 | | 전체공동 | | | |
	명	%	명	%	명	%	명	%	명	%	명	%
36. 메뉴의 다양성	6	15.8	16	42.1	4	10.5	4	10.5	8	21.1	38	100.0
37. 음식의 가격	7	15.9	17	38.6	7	15.9	5	11.4	8	18.2	44	100.0
38. 지역특성음식	8	17.8	16	35.6	8	17.8	6	13.3	7	15.6	45	100.0
39. 종업원의 친절	9	19.1	20	42.6	5	10.6	4	8.5	9	19.1	47	100.0
40. 매장 내 청결	9	20.0	15	33.3	6	13.3	4	8.9	11	24.4	45	100.0
41. 판매품목의 다양성	8	21.1	16	42.1	4	10.5	2	5.3	8	21.1	38	100.0
42. 판매품목의 가격	7	15.2	20	43.5	7	15.2	3	6.5	9	19.6	46	100.0
43. 주제 관련 상품	12	27.3	16	36.4	8	18.2	2	4.5	6	13.6	44	100.0
44. 종업원의 친절	5	12.2	19	46.3	5	12.2	5	12.2	7	17.1	41	100.0
45. 지역특산물	7	17.5	11	27.5	6	15.0	8	20.0	8	20.0	40	100.0
46. 숙박시설의 청결	9	22.5	21	52.5	6	15.0	0	0	4	10.0	40	100.0
47. 행사장까지의 접근	10	26.3	18	47.4	7	18.4	1	2.6	2	5.3	38	100.0
48. 일일 최대수용인원	16	43.2	7	18.9	12	32.4	1	2.7	1	2.7	39	100.0
49. 주차(최대 참가자 수 기준)	12	28.6	12	28.6	9	21.4	2	4.8	7	16.7	42	100.0
50. 일일 최대 운송량	12	38.7	6	19.4	11	35.5	1	3.2	1	3.2	31	100.0
51. 행사지역까지 교통수단	11	25.6	18	41.9	7	16.3	2	4.7	5	11.6	43	100.0
52. 행사지역 내의 교통수단	10	23.8	16	38.1	9	21.4	2	4.8	5	11.9	42	100.0
53. 교통 혼잡 정도	10	30.3	8	24.2	8	24.2	4	12.1	3	9.1	33	100.0
54. 교통안내시설	13	26.9	14	31.1	9	20.0	2	4.4	7	15.6	45	100.0
55. 우천시대책	17	38.6	4	9.1	17	38.6	3	6.8	3	6.8	44	100.0
56. 화재대책	16	39.0	4	9.8	15	36.6	3	7.3	3	7.3	41	100.0
57. 안전사고대책	16	39.0	3	7.3	14	34.1	3	7.3	5	12.2	41	100.0
58. 행사보험	17	56.6	3	7.7	7	18.9	1	2.6	1	16.3	39	100.0
59. 전년도평가 문제 개선	18	36.7	3	6.1	17	34.7	5	10.2	6	12.2	49	100.0
60. 보고서 발간	19	41.3	2	4.3	20	43.5	2	4.3	3	6.5	46	100.0
61. 기록물보존(영상, 사진)	17	34.7	2	4.1	20	40.8	6	12.2	4	8.2	49	100.0
62. 재정 자립(스폰서비율)	21	51.2	5	13.2	6	19.3	4	9.8	5	13.2	41	100.0
63. 적립금	16	50.0	0	0	14	43.8	1	3.1	1	3.1	32	100.0
64. 참여업체 선정의 투명성	18	45.0	1	2.5	16	40.0	4	10.0	1	2.5	40	100.0
65. 공연시설(무대, 음향)	19	35.2	11	20.4	17	31.5	4	7.4	3	5.6	54	100.0
66. 방문객지출비용	16	44.4	3	8.3	10	27.8	5	13.9	2	5.6	36	100.0
67. 지역 상품판매 증가	15	35.7	3	7.1	12	28.6	10	23.8	2	4.8	42	100.0
68. 지역고용의 증가	14	37.8	1	2.7	11	29.7	9	24.3	2	5.4	37	100.0
69. 지역이미지 제고	16	34.0	5	10.6	9	19.2	11	23.4	6	12.8	47	100.0
70. 지역주민의 여가참여 기회 확대	15	30.6	4	8.2	9	18.4	15	30.6	6	12.2	49	100.0
71. 지역문화 수준의 향상	14	28.0	4	8.0	12	24.0	13	26.0	7	14.0	50	100.0

5) 각 평가항목에 따른 기준

각 평가항목에 따른 평가기준에 대한 분석결과는 〈표 4-11〉과 같다. 주제 관련 프로그램, 세분시장 프로그램, 체험프로그램 등은 프로그램의 유무로 나타났고 프로그램의 완성도, 참가자의 호응, 미디어 노출빈도, 동선 및 배치는 7점 척도로 나타났다.

〈표 4-11〉 평가항목에 따른 기준에 대한 분석결과 -a

평가항목	기 준	평가항목	기 준
1. 주제 관련 프로그램	유 무	19. 행사장배치도, 안내책자	유 무
2. 세분시장 프로그램	유 무	20. 쓰레기 처리(환경 관련)	7점 척도
3. 체험프로그램	유 무	21. 쾌적성(행사장수용능력)	7점 척도
4. 야간프로그램	유 무	22. 미디어 노출빈도(매체별)	7점 척도, 빈도수
5. 프로그램내용의 완성도	7점 척도	23. 홍보이벤트	유 무
6. 참가자의 호응	7점 척도	24. 인터넷홍보(메일, 배너)	7점 척도
7. 주민참여 프로그램	유 무	25. 홈페이지(외국어, 컨텐츠, 숙박, 커뮤니티기능)	7점 척도
8. 화장실(규모, 관리상태)	1000명당 화장실 수, 남녀비율	26. 비수기 개최	개최 여부
9. 응급시설	구급차/요원 대기 여부	27. 여행사연계 시스템	유 무
10. 미아보호소	유 무	28. 관광연계(교통편 등)	유 무
11. 장애인편의시설	유 무	29. 지역주민의 참여도	7점 척도
12. 무료휴게공간(그늘막)	유 무	30. 주민참여 조직	유 무
13. 유아시설(유아휴게실)	유 무	31. 자원봉사 참여율	7점 척도
14. 은행 또는 현금지급기	유 무	32. 전문인력 보유(이벤트, 관광, 홍보)	보유유무
15. 종합불편 신고센터	유무, 처리비율	33. 자원봉사 조직구성	유 무
16. 동선 및 배치	7점 척도	34. 자원봉사 관리체계	7점 척도
17. 종합안내소	유 무	35. 자원봉사자의 전문성	7점 척도
18. 안내요원의 수(참가자 대비)	1000명당 인원수		

또한 화장실 시설은 1,000명당 화장실의 수와 남녀별 화장실의 수로, 주차시설은 참가자 수 대비 주차대수로 나타났으며 응급시설은 구급차 또는 구급요원 대기 여부, 비수기 개최는 비수기 개최 여부, 전문인력 보유는 전문인력 보유 여부로 나타났다.

기타 행사보험은 가입 여부, 재정 자립은 전체 축제의 재정 중에서 티켓판매량이나 스폰서 등의 자립비율, 행사지역 내의 교통수단은 7점 척도와 운행횟수로 나타났다.

⟨표 4-11⟩ 평가항목에 따른 기준에 대한 분석결과 -b

평가항목	기 준	평가항목	기 준
36. 메뉴의 다양성	7점 척도	54. 교통안내시설	7점 척도, 대기시간
37. 음식의 가격	7점 척도	55. 우천시대책	유 무
38. 지역특성음식	유무	56. 화재대책	유 무
39. 종업원의 친절	7점 척도	57. 안전사고대책	유 무
40. 매장 내의 청결	7점 척도	58. 행사보험	가입 여부
41. 판매품목의 다양성	7점 척도	59. 전년도평가 문제 개선	가입 여부
42. 판매품목의 가격	7점 척도	60. 보고서 발간	7점 척도
43. 주제 관련 상품	유 무	61. 기록물보존(영상, 사진)	유 무
44. 종업원의 친절	7점 척도	62. 재정 자립(스폰서비율)	유 무
45. 지역특산물	유 무	63. 적립금	자립비율
46. 숙박시설의 청결	7점 척도	64. 참여업체 선정의 투명성	유 무
47. 행사장까지의 접근	7점 척도	65. 공연시설(무대, 음향)	7점 척도
48. 일일 최대수용인원	7점 척도, 온라인 가능 여부	66. 방문객지출비용	7점 척도
49. 주차(최대 참가자 수 기준)	7점 척도, 객실 수	67. 지역 상품판매 증가	7점 척도
50. 일일 최대 운송량	1000명당 주차대수	68. 지역고용의 증가	7점 척도
51. 행사지역까지 교통수단	수송가능인원	69. 지역이미지 제고	7점 척도
52. 행사지역 내의 교통수단	7점 척도	70. 지역주민의 여가참여 기회 확대	7점 척도
53. 교통 혼잡 정도	7점 척도, 운행횟수	71. 지역문화 수준의 향상	7점 척도

3. 델파이 3라운드 조사결과

델파이 3라운드에서는 2라운드에서 선택된 네 가지 평가 주체 집단의 적합성에 대한 질문으로 5점 척도를 사용하였다(1=매우 적합하지 않다, 2=적합하지 않다, 3=보통이다, 4=적합하다, 5=매우 적합하지 않다).

또한 2라운드에서 선정된 5가지 평가방법에 대한 적합성(5점 척도)을 묻는 문항과 3가지 시점의 평가시기에 대한 적합성(5점 척도)을 묻는 문항이 포함되었다.

각 평가항목에 대한 가중치 부여에 관한 비율을 묻는 문항(10%~50%)과 가중치 부여에 따른 점수배분에 관한 문항(120%~200%)이 포함되었으며, 전체 축제평가의 틀에서 각 평가 주체별 반영비율에 대한 질문이 포함되었다.

그리고 델파이 각 라운드에서 선정된 평가항목에 대한 중요도(5점 척도)와 평가항목에 대한 기준의 적합성(5점 척도)이 포함되었다.

1) 평가 주체의 적합성에 대한 결과

평가 주체의 적합성에 대한 결과는 다음과 같다. 각 평가 주체 집단의 적합성에 대한 평균값은 매우 높게 나타났다. 방문객이 평가 주체로 적합하다는 평균값의 수치는 4.6552로 나타났으며, 외부 전문가가 4.4483, 지역주민이 4.3103이, 주최자가 3.7242의 순으로 나타났다.

평가 주체에 대한 각 집단별 적합성에 대한 평균값의 분석결과는 〈표 4-12〉와 같이 나타났다. 전문가는 '보통이다'가 2명으로

6.9%로 나타났고 '적합하다'가 12명으로 41.4%로 나타났으며, '매우 적합하다'가 15명으로 51.7%로 나타났다.

평균은 4.4483, 표준편차는 0.6317, 분산은 0.3930으로 나타났다.

〈표 4-12〉 평가 주체의 적합성에 대한 결과(각 집단별)

내 용	항 목	빈도(명)	비율(%)	평 균	표준편차	분 산
전문가	보통이다	2	6.9	4.4483	.6317	.3930
	적합하다	12	41.4			
	매우 적합하다	15	51.7			
방문객	보통이다	1	3.4	4.6552	.5526	.3054
	적합하다	8	27.6			
	매우 적합하다	20	69.0			
지역 주민	보통이다	2	6.9	4.3103	.6038	.3645
	적합하다	16	55.2			
	매우 적합하다	11	37.9			
주최자	적합하지 않다	2	6.9	3.7241	.9218	.8498
	보통이다	11	37.9			
	적합하다	9	31.0			
	매우 적합하다	7	24.1			
합 계		29	100.0	-	-	-

평가 주체에 대한 방문객의 적합성에 대한 분석결과는 '보통이다'가 1명으로 3.4%로 나타났으며, '적합하다'가 8명으로 27.6%로, '매우 적합하다'가 20명으로 69.0%로 나타났다.

평균은 4.6552, 표준편차는 0.6038, 분산은 0.3054로 나타났다.

평가 주체에 대한 지역주민의 적합성에 대한 분석결과는 '보통이다'가 2명으로 6.9%로 나타났고 '적합하다'가 16명으로 55.2%로 나타났으며, '매우 적합하다'가 11명으로 37.9%로 나타났다.

평균은 4.3103, 표준편차는 0.6038, 분산은 0.3645로 나타났다.

평가 주체에 대한 주최자의 적합성에 대한 분석결과는 '적합하지 않다'가 2명으로 6.7%, '보통이다'가 11명으로 37.9%, '적합하다'가 9명으로 31.0%로 나타났으며, '매우 적합하다'가 7명으로 24.1%로 나타났다.

평균은 3.7241, 표준편차는 0.9218, 분산은 0.8498로 나타났다.

통계적인 유의성을 검증하기 위하여 비모수통계분석을 사용하였다. 비모수통계분석은 모집단의 분포함수에 대하여 모수형의 가정을 하지 않는 통계적 방법을 말한다. 비모수적 통계적 검정에서 k-표본의 경우는 독립표본일 때, x^2 검정과 중앙검정의 확장, 크리스컬－월리스(Kruskal-Wallis)의 순위에 의한 일원배치 분산분석을 사용한다. 명목척도의 경우에는 'k 조의 독립표본에 의한 x^2 검정'을 사용하며, 순서척도일 중앙검정의 확장, 크리스컬－월리스(Kruskal-Wallis)의 순위에 의한 일원배치 분산분석을 사용 경우에는 한다.[147]

〈표 4-13〉비모수통계에 의한 x^2 검정통계량(평가 주체)

	전문가	방문객	지역주민	주최자
카이제곱	9.586	19.103	10.414	6.172
자유도	2	2	2	3
근사 유의확률	.008	.000	.005	.104

p<0.05에서 유의함.

〈표 4-13〉에서 나타난 바와 같이 전문가는 유의확률이 0.008, 방문객은 0.000, 지역주민은 0.005, 주최자는 0.104로 나타나고 있다.

따라서 전문가와 방문객, 지역주민이 주최자에 비하여 유의하게 나타나고 있어 전문가와 방문객, 지역주민의 주된 평가 주체가 되어야 할 것으로 보이고 주최자는 자료접근을 통한 보조적인 평가 주체가 되어야 할 것으로 보인다.

147) 노형진, 한글SPSSWIN에 의한 조사방법 및 통계분석, 형설출판사, 2002: 573-576.

2) 평가 주체에 대한 집단별 반영비율

평가 주체에 대한 집단별 반영비율은 〈표 4-14〉와 같다. 전체를 100%를 기준으로 각각 네 집단의 반영비율을 기입하도록 하였으며, 평균값과 최빈치, 중앙값을 고려하여 반영비율을 산정하였다.

평균값은 전문가가 27.1%, 방문객이 33.1%, 지역주민이 23.1%, 주최자가 16.7%로 나타났으며, 최빈값은 각각 30.0%, 30.0%, 20.0%, 10.0%로 나타났다.

중앙치는 전문가 30.0%, 방문객 30.0%, 지역주민 20.0%, 주최자 15.0%로 나타났다. 평균값과 최빈값, 중앙치를 고려하여 산정된 반영비율은 전문가가 25%, 방문객이 35%, 지역주민이 25%, 주최자가 15%로 구성되었다.

〈표 4-14〉 평가 주체에 대한 집단별 반영비율

구 분	전문가	방문객	지역주민	주최자	합 계
최솟값(%)	10	10	15.0	0	-
최댓값(%)	40	60	40.0	50	-
평균(%)	27.1	33.1	23.1	16.7	100.0
최빈값(%)	30.0	30.0	20.0	10.0	100.0
중앙치(%)	30.0	30.0	20.0	15.0	
산정된 반영비율(%)	25	35	25	15	100

3) 평가방법의 적합성에 대한 결과

평가방법의 적합성에 대한 결과는 아래의 표와 같다. 각 평가방법의 적합성에 대한 평균값은 평가방법에 따라 차이를 나타냈다.

설문조사가 평가방법으로 적합하다는 평균값의 수치가 4.3101로 나타났으며, 참여관찰은 4.1379, 데이터 조사는 3.7586, 경제적인 영향측정은 3.7241, 심층면접은 3.5517로 나타났다.

평가방법에 대한 적합성의 분석결과는 〈표 4-15〉와 같이 나타났다. 설문조사의 경우 '적합하다'가 14명으로 48.3%로 나타났으며, '매우 적합하다'가 12명으로 41.4%로 나타났다.

평균은 4.3101, 표준편차는 0.6602, 분산은 0.4363으로 나타났다.

〈표 4-15〉 평가방법의 적합성에 대한 결과

내 용	항 목	빈도(명)	비율(%)	평 균	표준편차	분 산
설문 조사	보통이다	3	10.3	4.3101	.6602	.4363
	적합하다	14	48.3			
	매우 적합하다	12	41.4			
참여 관찰	적합하지 않다	1	3.4	4.1379	.7894	.6232
	보통이다	4	13.8			
	적합하다	14	48.3			
	매우 적합하다	10	34.5			
데이터 자료	적합하지 않다	3	10.3	3.7586	.8724	·.7611
	보통이다	6	20.7			
	적합하다	15	51.7			
	매우 적합하다	5	17.2			
경제적 영향	적합하지 않다	2	6.9	3.7241	.9218	.8498
	보통이다	11	37.9			
	적합하다	9	31.0			
	매우 적합하다	7	24.1			
심층 면접	적합하지 않다	5	17.2	3.5517	1.0551	1.1133
	보통이다	10	34.5			
	적합하다	7	24.1			
	매우 적합하다	7	24.1			
합 계		29	100.0	-	-	-

평가방법에 대한 참여관찰의 적합성에 대한 분석결과는 '적합하지 않다'가 1명으로 3.4%로 나타났고, '보통이다'가 4명으로 14.8, '적합하다'가 14명으로 48.3%로 나타났으며, '매우 적합하다'가 10명으로 34.5%로 나타났다.

또한 평가방법의 적합성에 대한 평균은 4.1379, 표준편차는 0.7894, 분산은 0.6232로 나타났다.

평가방법에 대한 데이터 자료의 적합성에 대한 분석결과는 '적합하지 않다'가 3명으로 10.3%로 나타났고, '보통이다'가 6명으로 20.7%, '적합하다'가 15명으로 51.7%로 나타났으며, '매우 적합하다'가 5명으로 17.2%로 나타났다.

평균은 3.7586, 표준편차는 0.8724, 분산은 0.7611로 나타났다.

평가방법에 대한 경제적인 영향 측정의 적합성에 대한 분석결과는 '적합하지 않다'가 2명으로 6.9%로 나타났고, '보통이다'가 11명으로 37.9%, '적합하다'가 9명으로 31.0%로 나타났으며, '매우 적합하다'가 7명으로 24.1%로 나타났다.

평균은 3.7241, 표준편차는 0.9218, 분산은 0.8498로 나타났다.

평가방법에 대한 심층면접의 적합성에 대한 분석결과는 '적합하지 않다'가 5명으로 17.2%로 나타났고, '보통이다'가 10명으로 34.5%, '적합하다'가 7명으로 24.1%로 나타났으며, '매우 적합하다'가 7명으로 24.1%로 나타났다.

평균은 3.5517, 표준편차는 1.0551, 분산은 1.1133으로 나타났다.

〈표 4-16〉 비모수통계에 의한 x^2 검정통계량(평가방법)

	설문조사	참여관찰	데이터 자료	심층면접	경제적 영향
카이제곱	12.462	10.704	.360	1.087	1.636
자유도	1	1	1	1	1
근사 유의확률	.000	.001	.549	.297	.201

p<0.05에서 유의함.

〈표 4-16〉에서 나타난 바와 같이 설문조사는 유의확률이 0.000,

참여관찰은 0.01, 데이터 자료는 0.549, 심층면접은 0.297, 경제적 영향 측정은 0.201로 나타나고 있다.

따라서 설문조사와 참여관찰이 유의하게 나타나고 있어 설문조사와 참여관찰이 주된 평가방법이 되어야 할 것으로 보이고 데이터 자료, 심층면접, 경제적 영향 측정 등은 보조적인 평가방법이 되어야 할 것으로 보인다.

4) 평가시기의 적합성에 대한 결과

평가시기의 적합성에 대한 결과는 〈표 4-17〉의 표와 같다.

〈표 4-17〉 평가시기의 적합성에 대한 결과

내 용	항 목	빈도(명)	비율(%)	평 균	표준편차	분 산
사전 평가	매우 적합하지	2	6.9	2.7591	1.0232	1.0473
	적합하지 않다	11	37.9			
	보통이다	10	34.5			
	적합하다	4	13.8			
	매우 적합하다	2	6.9			
실행 평가	적합하지 않다	1	3.4	4.1034	.8170	.6675
	보통이다	5	17.2			
	적합하다	13	44.8			
	매우 적합하다	10	34.5			
사후 평가	적합하다	5	17.2	4.8276	.3844	.1478
	매우 적합하다	24	82.8			
합 계		29	100.0	-	-	-

사후평가가 평가시기로 적합하다는 평균값의 수치가 4.8276으로 나타났으며, 실행평가가 4.1034, 사전평가가 2.7591로 나타났다.

평가시기에 대한 사전평가의 적합성에 대한 분석결과는 '매우 적

168

합하지 않다'가 2명으로 6.9%, '적합하지 않다'가 11명으로 37.9%, '보통이다'가 10명으로 34.5%, '적합하다'가 4명으로 13.8%로 나타났으며, '매우 적합하다'가 2명으로 6.9%로 나타났다.

평균은 2.7591, 표준편차는 1.0232, 분산은 1.0473으로 나타났다. 평균은 상대적으로 낮게 나타났고(사후평가 4.8276, 실행평가 4.1034), 표준편차(1.0232)와 분산(1.0473)은 높은 수치를 보이고 있다.

평가시기에 대한 실행평가의 적합성에 대한 분석결과는 '적합하지 않다'가 1명으로 3.4%로 나타났고, '보통이다'가 5명으로 17.2%로 나타났다.

'적합하다'가 13명으로 44.8%로 나타났으며, '매우 적합하다'가 10명으로 34.5%로 나타났다.

평균은 4.1034, 표준편차는 0.8170, 분산은 0.6675로 나타났다.

평가시기에 대한 사후평가의 적합성에 대한 분석결과는 '적합하다'가 5명으로 17.2%로 나타났으며, '매우 적합하다'가 24명으로 82.8%로 나타났다.

평균은 4.8276, 표준편차는 0.3844, 분산은 0.1478로 나타났다.

〈표 4-18〉 비모수통계에 의한 x^2 검정통계량(평가시기)

	사전평가	실행평가	사후평가
카이제곱	6.545	15.385	25.138
자유도	1	1	1
근사 유의확률	.011	.000	.000

p<0.05에서 유의함.

〈표 4-18〉에서 나타난 바와 같이 평가시기에 있어 사전평가는 유의확률이 0.011, 실행평가는 0.000, 사후평가는 0.000으로 나타나고 있다.

　　따라서 사전평가, 실행평가, 사후평가가 유의하게 나타나고 있으나 사전평가의 경우 평균값의 수치가 현저하게 낮게 나타나고 있어 실행평가와 사후평가가 주된 평가시기가 되어야 할 것으로 보이고 사전평가는 다른 차원에서 고려되어야 할 것으로 보인다.

　5) 평가항목별 중요도에 따른 가중치

　(1) 평가항목별 중요도에 따른 가중치 부여

　　평가항목별 중요도에 따른 가중치 부여에 대한 분석결과는 〈표 4-19〉와 같이 나타났다.

　　상위 10%가 4명으로 13.8%, 상위 20%가 9명으로 31.0%, 상위 30%가 12명으로 41.4%로 나타났으며, 상위 40%가 2명으로 6.9%로 나타났고, 상위 50%가 2명으로 6.9%로 나타났다.

　　최빈값은 '3'으로 나타나 상위 30%에 대하여 가중치를 부여하는 것에 대하여 최빈치를 나타냈다.

〈표 4-19〉 평가항목별 중요도에 따른 가중치 부여(요인별)

내 용	항 목	빈도(명)	비율(%)	누적비율	최빈값
가중치기준	① 상위 10%	4	13.8	13.8	3
	② 상위 20%	9	31.0	44.8	
	③ 상위 30%	12	41.4	86.2	
	④ 상위 40%	2	6.9	93.1	
	⑤ 상위 50%	2	6.9	100.0	
합 계		29	100.0		-

(2) 가중치 부여에 따른 점수 배분

가중치 부여에 따른 점수 배분에 대한 분석결과는 〈표 4-20〉과 같이 나타났다. 120%가 6명으로 20.7%, 140%가 11명으로 37.9%, 160%가 7명으로 24.1%로 나타났으며, 180%가 4명으로 13.8%로 나타났고, 200%가 1명으로 3.4%로 나타났다.

가중치에 따른 항목에 대한 요인별 점수부여는 최빈값을 기준으로 하여 중요 항목에 대하여 140%의 점수를 부여하는 것으로 하였다.

〈표 4-20〉 가중치 부여에 따른 점수배분

내 용	항 목	빈도(명)	비율(%)	누적비율	최빈값
	① 120%	6	20.7	20.7	
	② 140%	11	37.9	58.6	
점수배분	③ 160%	7	24.1	82.8	2
	④ 180%	4	13.8	96.6	
	⑤ 200%	1	3.4	100.0	
합 계		29	100.0		-

6) 평가항목에 대한 중요도

평가항목은 크게 프로그램, 시설, 안내 및 관리, 홍보 및 관광, 주민참여 및 자원봉사, 음식 및 쇼핑, 숙박 및 교통, 리스크관리, 기록 및 예산운용, 지역에 대한 영향 및 효과로 구분하였으며, 항목별 중요도의 결과는 다음과 같다.

(1) 프로그램에 대한 중요도

축제프로그램 평가항목의 중요도 순위는 〈표 4-21〉과 같이 나타
났다. 7개의 항목 중에서 주제 관련 프로그램이 4.7586으로 가장 높
게 나타났으며, 체험프로그램이 4.5862, 주민참여 프로그램이 4.2759,
세분시장프로그램이 4.1379, 야간프로그램이 3.8276으로 나타났다.

〈표 4-21〉 축제프로그램 평가항목의 중요도 결과(n=29)

구분	순위	항목	중요도(빈도수 및 비율)					평균	표준편차	분산
			매우 중요하지 않다	중요하지 않다	보통이다	중요하다	매우 중요하다			
프로그램	1	주제 관련 프로그램	0	0	0	7(24.1)	22(75.9)	4.7586	.4355	.1897
	2	참가자의 호응	0	0	0	9(31.0)	20(69.0)	4.6897	.4708	.2217
	3	체험 프로그램	0	0	1(3.4)	10(34.5)	18(62.1)	4.5862	.5680	.3227
	4	주민참여 프로그램	0	0	2(6.9)	17(58.6)	10(34.5)	4.2759	.5914	.3498
	5	프로그램의 완성도	0	0	6(20.7)	11(37.9)	12(41.4)	4.2069	.7736	.5985
	6	세분시장 프로그램	0	0	5(17.2)	15(51.7)	9(31.0)	4.1379	.6930	.4803
	7	야간 프로그램	0	0	11(37.9)	12(41.4)	6(20.7)	3.8276	.7592	.5764

(2) 시설에 대한 중요도

행사장 시설 평가항목의 중요도 순위는 〈표 4-22〉와 같이 나타

났다. 10개의 항목 중에서 동선 및 배치가 4.6207로 가장 높게 나
타났으며, 응급시설(4.4138), 화장실시설(4.3793), 공연시설(4.2759),
장애인 편의시설(4.2759), 종합불편 신고센터(4.1724) 등이 다음 순
위로 나타났다. 10개의 항목 중에서 은행 또는 현금 지급기가
3.6897로 가장 낮게 나타났다.

시설에 대한 평가항목의 중요도는 다른 요인에 비해 중요도 수치
가 높게 나타나고 있어 축제평가항목의 중요한 부분으로 나타났다.

〈표 4-22〉 행사장 시설 평가항목의 중요도 결과(n=29)

구분	순위	항목	중요도(빈도수 및 비율)					평균	표준편차	분산
			매우 중요하지 않다	중요하지 않다	보통이다	중요하다	매우 중요하다			
시설	1	동선 및 배치	0	0	1(3.4)	9(31.0)	19(65.5)	4.6207	.5615	.3153
	2	응급시설	0	0	2(6.9)	13(44.8)	14(48.3)	4.4138	.6278	.3941
	3	화장실시설	0	0	2(6.9)	14(48.3)	13(44.8)	4.3793	.6219	.3867
	4	공연시설	0	0	1(3.4)	19(65.5)	9(31.0)	4.2759	.5276	.2783
	5	장애인편의 시설	0	0	3(10.3)	16(55.2)	10(34.5)	4.2414	.6356	.4039
	6	종합불편신고 센터	0	1(3.4)	2(6.9)	17(58.6)	9(31.0)	4.1724	.7106	.5049
	7	무료 휴게공간	0	1(3.4)	4(13.8)	15(51.7)	9(31.0)	4.1034	.7720	.5961
	8	미아시설	0	1(3.4)	4(13.8)	16(55.2)	8(27.6)	4.0690	.7527	.5665
	9	유아시설	0	1(3.4)	9(31.0)	15(51.7)	4(13.8)	3.7586	.7395	.5468
	10	은행 또는 현금지급기	0	1(3.4)	11(37.9)	13(44.8)	4(13.8)	3.6897	.7608	.5788

(3) 안내 및 관리에 대한 중요도

행사장 안내 및 관리 평가항목의 중요도 순위는 〈표 4-23〉과 같이 나타났다.

종합안내소가 4.3448로 가장 높게 나타났으며, 상시청소인력 및 쓰레기 처리(4.2414), 행사장 수용능력에 따른 쾌적성(4.2069), 최대 참가자 수 대비 안내요원의 수(4.1724), 배치도 및 안내책자(4.1379) 순으로 나타났다.

행사장안내와 관리 등 운영에 관한 항목은 전체적으로 평균값의 수치가 높게 나타나 중요한 평가항목으로 인식하고 있는 것으로 나타났다.

〈표 4-23〉 행사장 안내 및 관리 평가항목의 중요도 결과 (n=29)

구분	순위	항목	중요도(빈도수 및 비율)					평균	표준편차	분산
			매우 중요하지 않다	중요하지 않다	보통이다	중요하다	매우 중요하다			
안내 및 관리	1	종합안내소	0	0	3(10.3)	13(44.8)	13(44.8)	4.3448	.6695	.4483
	2	쓰레기 처리	0	0	5(17.2)	12(41.4)	12(41.4)	4.2414	.7395	.5468
	3	쾌적성	0	1(3.4)	3(10.3)	14(48.3)	11(37.9)	4.2069	.7736	.5985
	4	안내요원의 수	0	0	4(13.8)	16(55.2)	9(31.0)	4.1724	.6584	.4335
	5	배치도 및 안내책자	0	1(3.4)	4(13.8)	14(48.3)	10(34.5)	4.1379	.7894	.6232

(4) 홍보 및 관광에 대한 중요도

축제 홍보 및 관광에 대한 평가항목의 중요도 순위는 〈표 4-24〉와 같이 나타났다. 7개의 항목 중에서 홈페이지가 4.1034로 가장 높게 나타났으며, 홍보이벤트가 4.0690으로 중요한 평가항목으로 나타났다.

〈표 4-24〉 홍보 및 관광 평가항목의 중요도 결과(n=29)

구분	순위	항목	중요도(빈도수 및 비율)					평균	표준편차	분산
			매우 중요하지 않다	중요하지 않다	보통이다	중요하다	매우 중요하다			
홍보 및 관광	1	홈페이지	0	0	4(13.8)	18(62.1)	7(24.1)	4.1034	.6179	.3818
	2	홍보이벤트	0	1(3.4)	4(13.8)	16(55.2)	8(27.6)	4.0690	.7527	.5665
	3	관광연계	0	1(3.4)	6(20.7)	16(55.2)	6(20.7)	3.9310	.7527	.5665
	4	인터넷홍보	0	0	9(31.0)	17(58.6)	3(10.3)	3.7931	.6199	.3842
	5	미디어 노출빈도	0	1(3.4)	10(34.5)	15(51.7)	3(10.3)	3.6897	.7123	.5074
	6	여행사연계	0	2(6.9)	15(51.7)	8(27.6)	4(13.8)	3.4828	.8290	.6872
	7	비수기 개최 여부	0	4(13.8)	12(41.4)	9(31.0)	4(13.8)	3.4483	.9097	.8276

(5) 주민참여 및 자원봉사에 대한 중요도

축제의 주민참여와 자원봉사체계에 대한 평가항목의 중요도 순위는 〈표 4-25〉와 같이 나타났다. 전문인력 보유가 4.5517로 가장 높게 나타났으며, 지역주민의 참여도가 4.4828, 자원봉사 참여율이 4.1034로 각각 2, 3순위로 나타났다. 가장 낮게 나타난 항목은 자원봉사자의 전문성으로 3.6897로 나타났다.

〈표 4-25〉 주민참여 및 자원봉사 평가항목의 중요도 결과(n=29)

구분	순위	항목	중요도(빈도수 및 비율)					평균	표준편차	분산
			매우 중요하지 않다	중요하지 않다	보통이다	중요하다	매우 중요하다			
주민참여 및 자원봉사	1	전문인력 보유	0	0	1(3.4)	11(37.9)	17(58.6)	4.5517	.5724	.3276
	2	지역주민의 참여도	0	0	2(6.9)	11(37.9)	16(55.2)	4.4828	.6336	.4015
	3	자원봉사 참여율	0	0	7(24.1)	12(41.4)	10(34.5)	4.1034	.7720	.5961
	4	주민참여 조직	0	0	7(24.1)	16(55.2)	6(20.7)	3.9655	.6805	.4631
	5	자원봉사 조직구성	0	1(3.4)	6(20.7)	20(69.0)	2(6.9)	3.7931	.6199	.3842
	6	자원봉사 관리체계	0	1(3.4)	8(27.6)	17(58.6)	3(10.3)	3.7586	.6895	.4754
	7	자원봉사의 전문성	0	2(6.9)	8(27.6)	16(55.2)	3(10.3)	3.6897	.7608	.5788

(6) 음식 및 쇼핑에 대한 중요도

행사장 음식 및 쇼핑 평가항목의 중요도 순위는 〈표 4-26〉과 같이 나타났다. 10개의 항목 중에서 음식 종업원의 친절이 4.5172로 가장 높게 나타났으며, 음식시설의 청결도가 4.4483으로 2순위, 쇼핑 관련 종업원의 친절이 4.3103으로 3순위를 차지하였다. 상위 3개의 항목이 친절과 청결로 나타난 것은 두 항목이 가격과 품목에 비해 상대적으로 중요하다는 것을 알 수 있다.

〈표 4-26〉 행사장 음식 및 쇼핑 평가항목의 중요도 결과(n=29)

구분	순위	항목	중요도(빈도수 및 비율)					평균	표준편차	분산
			매우 중요하지 않다	중요하지 않다	보통이다	중요하다	매우 중요하다			
음식 및 쇼핑	1	음식 종업원의 친절	0	0	1(3.4)	12(41.4)	16(55.2)	4.5172	.5745	.3300
	2	음식시설 청결	0	0	2(6.9)	12(41.4)	15(51.7)	4.4483	.6317	.3990
	3	쇼핑 관련 종업원의 친절	0	0	3(10.3)	14(48.3)	12(41.4)	4.3103	.6603	.4360
	4	주제 관련 상품	0	0	3(10.3)	15(51.7)	11(37.9)	4.2759	.6490	.4212
	5	지역 특성음식	0	0	3(10.3)	16(55.2)	10(34.5)	4.2414	.6356	.4039
	6	지역특산물	0	0	5(17.2)	14(48.3)	10(34.5)	4.1724	.7106	.5049
	7	음식의 가격	0	0	6(20.7)	14(48.3)	9(31.0)	4.1034	.7243	.5246
	8	판매품목의 가격	0	0	8(27.6)	15(51.7)	6(20.7)	3.9310	.7036	.4951
	9	판매품목의 다양성	0	1(3.4)	9(31.0)	15(51.7)	4(13.8)	3.7586	.7395	.5468
	10	메뉴의 다양성	0	1(3.4)	11(37.9)	13(44.8)	4(13.8)	3.6897	.7608	.5788

(7) 숙박 및 교통에 대한 중요도

숙박 및 교통 평가항목의 중요도 순위는 〈표 4-27〉과 같이 나타났다. 9개의 항목 중 교통에 대한 부분이 상위 순위를 차지하였다. 즉, 축제 개최지역까지의 교통수단이 4.4138로 가장 높게 나타났으며, 주차시설이 4.3793, 숙박시설의 행사장까지 접근성이 4.2414, 교통 혼잡 정도가 4.1379로 나타났다.

　또한 개최지역 내의 교통수단이 4.0690. 교통안내시설이 4.0345로 나타났다. 교통시설에 대한 중요도에 대한 분석의 결과 대부분 높게 나타나고 있어 축제평가항목 중 행사장까지의 접근에 관련된 시설이나 주차시설 등이 축제평가항목으로 중요한 부분을 차지하고 있는 것으로 나타났다.

〈표 4-27〉 숙박 및 교통 평가항목의 중요도 결과(n＝29)

구분	순위	항목	중요도(빈도수 및 비율)					평균	표준편차	분산
			매우 중요하지 않다	중요하지 않다	보통이다	중요하다	매우 중요하다			
숙박 및 교통	1	개최지까지의 교통수단	0	0	3(10.3)	11(37.9)	15(51.7)	4.4138	.6823	.4655
	2	주차시설	0	0	4(13.8)	10(34.5)	15(51.7)	4.3793	.7277	.5296
	3	숙박시설의 행사장 접근	0	0	2(6.9)	18(62.1)	9(31.0)	4.2414	.5766	.3325
	4	교통 혼잡 정도	0	0	5(17.2)	15(51.7)	9(31.0)	4.1379	.6930	.4803
	5	숙박시설의 청결	0	0	4(13.8)	18(62.1)	7(24.1)	4.1034	.6179	.3818
	6	개최지역 내 교통수단의 편리성	0	0	4(13.8)	19(65.5)	6(20.7)	4.0690	.5935	.3522
	7	교통 안내시설	0	1(3.4)	6(20.7)	13(44.8)	9(31.0)	4.0345	.8230	.6773
	8	숙박 수용인원	0	2(6.9)	4(13.8)	17(58.6)	6(20.7)	3.9310	.7987	.6379
	9	일일 최대 운송량	0	1(3.4)	4(13.8)	22(75.9)	2(6.9)	3.8621	.5809	.3374

(8) 리스크관리에 대한 중요도

〈표 4-28〉 행사장 리스크 평가항목의 중요도 결과 (n=29)

구분	순위	항목	중요도(빈도수 및 비율)					평균	표준편차	분산
			매우 중요하지 않다	중요하지 않다	보통이다	중요하다	매우 중요하다			
리스크	1	안전사고대책	0	0	3(10.3)	10(34.5)	16(55.2)	4.4483	.6859	.4704
	2	화재대책	0	0	6(20.7)	10(34.5)	13(34.5)	4.2414	.7863	.6182
	3	행사보험	0	0	6(20.7)	13(34.5)	10(34.5)	4.1379	.7428	.5517
	4	우천시대책	0	2(6.9)	7(24.1)	12(41.4)	8(27.6)	3.8966	.9002	.8103

　　리스크관리 평가항목의 중요도 순위는 〈표 4-28〉과 같이 나타났다. 인명과 관련된 안전사고대책이 4.4483으로 가장 높게 나타났다.
　　또한 소화기나 소방시설 등 화재대책이 4.2414로 나타났으며, 축제와 관련된 보험가입 여부가 4.1379로 나타났다.

(9) 축제 기록 및 예산운용에 대한 중요도

　　축제 기록 및 예산운용 평가항목의 중요도 순위는 〈표 4-29〉와 같이 나타났다. 6개의 항목 중에서 업체선정의 투명성(4.3793)과 전년도 평가문제점 개선항목이 4.3793으로 높게 나타났다.
　　또한 축제재정에 관한 재정 자립(4.1724)의 항목도 중요한 항목으로 나타나 재정에 대한 견실도 요구되고 있음을 나타내고 있다.

〈표 4-29〉 축제 기록 및 예산운용 평가항목의 중요도 결과(n=29)

구분	순위	항목	중요도(빈도수 및 비율)					평균	표준편차	분산
			매우 중요하지 않다	중요하지 않다	보통이다	중요하다	매우 중요하다			
기록 및 예산운용	1	업체선정의 투명성	0	0	2(6.9)	14(48.3)	13(44.8)	4.3793	.6219	.3867
	2	전년도 평가 문제점 개선	0	0	3(10.3)	12(41.4)	14(48.3)	4.3793	.6769	.4581
	3	재정 자립	0	0	5(17.2)	14(48.3)	10(34.5)	4.1724	.7106	.5049
	4	기록물보존	0	0	6(20.7)	18(62.1)	5(17.2)	3.9655	.6258	.3916
	5	적립금	0	1(3.4)	9(31.0)	17(58.6)	2(6.9)	3.6897	.6603	.4360
	6	보고서 발간	1(3.4)	2(6.9)	8(27.6)	15(51.7)	3(10.3)	3.5862	.9070	.8227

(10) 지역에 대한 영향 및 효과에 대한 중요도

지역에 대한 영향 및 효과항목의 중요도 순위는 〈표 4-30〉과 같이 나타났다. 지역이미지 제고가 4.3448로 가장 높게 나타났으며, 지역문화수준의 상승이 4.2414, 방문객 지출비용과 지역상품 판매의 증가 항목이 4.2069로 나타났다.

〈표 4-30〉 지역에 대한 영향 및 효과 평가항목의 중요도결과(n=29)

구분	순위	항목	중요도(빈도수 및 비율)					평균	표준편차	분산
			매우 중요하지 않다	중요하지 않다	보통이다	중요하다	매우 중요하다			
영향 및 효과	1	지역이미지 제고	0	0	2(6.9)	15(51.7)	12(41.4)	4.3448	.6139	.3768
	2	지역문화 수준의 상승	0	0	5(17.2)	12(41.4)	12(41.4)	4.2414	.7395	.5468
	3	방문객 지출비용	0	1(3.4)	1(3.4)	18(62.1)	9(31.0)	4.2069	.6750	.4557
	4	지역상품 판매의 증가	0	0	7(24.1)	9(31.0)	13(44.8)	4.2069	.8185	.6700
	5	지역고용의 증가	0	0	7(24.1)	11(37.9)	11(37.9)	4.1379	.7894	.6232
	6	지역주민의 여가참여기회	0	0	5(17.2)	17(58.6)	7(24.1)	4.0690	.6509	.4236

7) 평가항목에 따른 기준에 대한 적합도

평가항목에 따른 기준에 대한 적합도 조사결과는 다음과 같다.

(1) 프로그램 평가항목에 따른 기준에 대한 적합도

축제프로그램 평가항목에 따른 기준에 대한 적합도는 〈표 4-31〉과 같이 나타났다. 참가자의 호응과 프로그램 완성도의 평가기준인 7점 척도가 가장 적합한 것으로 나타났다.

〈표 4-31〉 프로그램 평가항목에 따른 기준의 적합도 결과(n=29)

구분	항목	기준	적합도(빈도수 및 비율)					평균	표준편차	분산
			매우 적합하지 않다	적합하지 않다	보통이다	적합하다	매우 적합하다			
프로그램	주제 관련 프로그램	유무	0	2(6.9)	5(17.2)	15(51.7)	7(24.1)	3.9310	.8422	.7094
	참가자의 호응	7점 척도	0	0	3(10.3)	14(48.3)	12(41.4)	4.3103	.6603	.4360
	체험 프로그램	유무	0	3(10.3)	5(17.2)	15(51.7)	6(20.7)	3.8276	.8892	.7906
	주민참여 프로그램	유무	0	3(10.3)	7(24.1)	12(41.4)	7(24.1)	3.7931	.9403	.8842
	프로그램의 완성도	7점 척도	0	0	4(13.8)	16(55.2)	9(31.0)	4.1724	.6584	.4335
	세분시장 프로그램	유무	1(3.4)	3(10.3)	7(24.1)	15(51.7)	3(10.3)	3.5517	.9482	.8990
	야간 프로그램	유무	1(3.4)	2(6.9)	11(37.9)	11(37.9)	4(13.8)	3.5172	.9495	.9015

(2) 시설 평가항목에 따른 기준에 대한 적합도

행사장 시설 평가항목에 따른 기준에 대한 적합도는 〈표 4-32〉
와 같이 나타났다. 10개의 항목 중에서 종합불편 신고센터 항목의
유무(4.2759) 및 불편처리비율(4.2759)이 평가기준으로 가장 적합
한 것으로 나타났다.

또한 화장실의 수와 남여비율이 화장실 시설 평가기준으로 적합
하다(4.1034)는 것과 응급시설에 대한 평가기준으로 구급차 및 요
원의 대기 여부가 적합하다(4.1379)는 것도 시사하는 바가 크다.

그 외에도 동선 및 배치와 음향, 조명, 무대, 특수효과 등의 공연
시설의 기준은 7점 척도가 기준으로 적합한 것으로 나타났다.

〈표 4-32〉 행사장 시설 평가항목에 따른 기준에 대한 적합도(n=29)

구분	항목	기준	적합도(빈도수 및 비율)					평균	표준편차	분산
			매우 적합하지 않다	적합하지 않다	보통이다	적합하다	매우 적합하다			
시설	동선 및 배치	7점 척도	1(3.4)	1(3.4)	1(3.4)	17(58.6)	9(31.0)	4.1034	.9002	.8103
	응급시설	구급차/요원대기여부	0	1(3.4)	4(13.8)	14(48.3)	10(34.5)	4.1379	.7894	.6232
	화장실시설	개수/남여비율	1(3.4)	0	3(10.3)	16(55.2)	9(31.0)	4.1034	.8596	.7389
	공연시설	7점 척도	0	1(3.4)	6(20.7)	16(55.2)	6(20.7)	3.9310	.7527	.5665
	장애인 편의시설	유무	0	1(3.4)	4(13.8)	19(65.5)	5(17.2)	3.9655	.6805	.4631
	종합불편 신고센터	유무/처리비율	0	0	2(6.9)	17(58.6)	10(34.5)	4.2759	.5914	.3498
	무료 휴게공간	유무	0	2(6.9)	5(17.2)	18(62.1)	4(13.8)	3.8276	.7592	.5764
	미아시설	유무	0	1(3.4)	5(17.2)	19(65.5)	4(13.8)	3.8966	.6732	.4532
	유아시설	유무	0	2(6.9)	6(20.7)	19(65.5)	2(6.9)	3.7241	.7019	.4926
	은행 또는 현금지급기	유무	0	1(3.4)	5(17.2)	20(69.0)	3(10.3)	3.8621	.6394	.4089

(3) 안내 및 관리 평가항목에 따른 기준에 대한 적합도

행사장 안내 및 관리 평가항목에 따른 기준에 대한 적합도는 〈표 4-33〉과 같이 나타났다. 쾌적성 평가항목에 따른 기준은 7점 척도가 적합하다고 나타났다.

축제장 내에서 안내요원의 수는 최대 참가자 수를 기준으로 1000명 당 안내요원의 수가 평가기준으로 나타났고, 평가기준에 대한 적합도 (3.9655)가 비교적 높게 나타났다. 또한 축제의 전반적인 내용을 안내하는 종합안내소의 경우는 종합안내소의 유무(3.9655)로 높게 나타났다.

〈표 4-33〉 행사장 안내 및 관리 평가항목에 따른 기준에 대한 적합도(n=29)

구분	항목	기준	적합도(빈도수 및 비율)					평균	표준편차	분산
			매우 적합하지 않다	적합하지 않다	보통이다	적합하다	매우 적합하다			
안내 및 관리	종합안내소	유무	0	2(6.9)	3(10.3)	18(62.1)	6(20.7)	3.9655	.7784	.6059
	쓰레기 처리	7점 척도	0	0	7(24.1)	16(55.2)	6(20.7)	3.9655	.6805	.4631
	쾌적성	7점 척도	0	0	8(27.6)	13(44.8)	8(27.6)	4.0000	.7559	.5714
	안내요원 수	1000명당 인원수	0	2(6.9)	7(24.1)	13(44.8)	7(24.1)	3.8621	.8752	.7660
	배치도 및 안내책자	유무	0	1(3.4)	9(31.0)	15(51.7)	4(13.8)	3.7586	.7395	.5468

(4) 홍보 및 관광 평가항목에 따른 기준에 대한 적합도

축제 홍보 및 관광 평가항목에 따른 기준에 대한 적합도는 〈표 4-34〉와 같이 나타났다.

〈표 4-34〉 홍보 및 관광 평가항목에 따른 기준에 대한 적합도(n=29)

구분	항목	기준	적합도(빈도수 및 비율)					평균	표준편차	분산
			매우 적합하지 않다	적합하지 않다	보통이다	적합하다	매우 적합하다			
홍보 및 관광	홈페이지	7점 척도	0	2(6.9)	6(20.7)	15(51.7)	6(20.7)	3.8621	.8334	.6946
	홍보이벤트	유무	0	4(13.8)	9(31.0)	14(48.3)	2(6.9)	3.4828	.8290	.6872
	관광연계	유무	0	1(3.4)	5(17.2)	21(72.4)	2(6.9)	3.8276	.6017	.3621
	인터넷홍보	7점 척도	0	0	10(34.5)	15(51.7)	4(13.8)	3.7931	.6750	.4557
	미디어 노출빈도	7점 척도 빈도수	0	1(3.4)	9(31.0)	16(55.2)	3(10.3)	3.7241	.7091	.4926
	여행사연계	유무	0	1(3.4)	12(41.4)	14(48.3)	2(6.9)	3.5862	.6823	.4655
	비수기개최	개최 여부	0	5(17.2)	10(34.5)	11(37.9)	3(10.3)	3.4138	.9070	.8227

(5) 주민참여 및 자원봉사 평가항목에 따른 기준에 대한 적합도

축제의 주민참여와 자원봉사체계 평가항목에 따른 기준에 대한 적합도는 〈표 4-35〉와 같이 나타났다. 지역주민의 참여도의 7점 척도(4.4828)와 자원봉사참여는 7점 척도(4.1379), 자원봉사자의 전문성(4.1034)이 적합도가 높게 나타났다.

〈표 4-35〉 주민참여 및 자원봉사 평가항목에 따른 기준에 대한 적합도(n=29)

구분	항목	기준	적합도(빈도수 및 비율)					평균	표준편차	분산
			매우 적합하지 않다	적합하지 않다	보통이다	적합하다	매우 적합하다			
주민참여 및 자원봉사	전문인력 보유	유무	0	0	6(20.7)	16(55.2)	7(24.1)	4.0345	.6805	.4631
	지역주민의 참여도	7점 척도	0	1(3.4)	0	12(41.4)	16(55.2)	4.4828	.6877	.4729
	자원봉사 참여율	7점 척도	0	1(3.4)	3(10.3)	16(55.2)	9(31.0)	4.1379	.7428	.5517
	주민참여 조직	유무	0	0	6(20.7)	21(72.4)	2(6.9)	3.8621	.5158	.2660
	자원봉사 조직구성	유무	0	0	10(34.5)	15(51.7)	4(13.8)	3.7931	.6750	.4557
	자원봉사 관리체계	7점 척도	0	0	6(20.7)	17(58.6)	6(20.7)	4.0000	.6547	.4286
	자원봉사의 전문성	7점 척도	0	0	3(10.3)	20(69.0)	6(20.7)	4.1034	.5571	.3103

(6) 음식 및 쇼핑 평가항목에 따른 기준에 대한 적합도

행사장 음식 및 쇼핑 평가항목에 따른 기준의 적합도는 〈표 4-36〉과 같이 나타났다. 음식 관련 종업원의 친절(4.3793)과 음식시설 내의 청결(4.3448)이 각각 7점 척도로 기준에 대한 적합도가 높게 나타났다.

〈표 4-36〉 행사장 음식 및 쇼핑 평가항목에 따른 기준에 대한 적합도(n=29)

구분	항목	기준	적합도(빈도수 및 비율)					평균	표준편차	분산
			매우 적합하지 않다	적합하지 않다	보통이다	적합하다	매우 적합하다			
음식 및 쇼핑	음식 관련 종업원의 친절	7점 척도	0	0	2(6.9)	14(48.3)	13(44.8)	4.3793	.6219	.3867
	음식시설 청결	7점 척도	0	0	4(13.8)	11(37.9)	14(48.3)	4.3448	.7209	.5197
	쇼핑 관련 종업원의 친절	7점 척도	0	0	4(13.8)	14(48.3)	11(37.9)	4.2414	.6895	.4754
	주제 관련 상품	유무	0	4(13.8)	10(34.5)	14(48.3)	1(3.4)	3.4138	.7800	.6084
	지역특성 음식	유무	0	2(6.9)	11(37.9)	13(44.8)	3(10.3)	3.5862	.7800	.6084
	지역 특산물	유무	0	2(6.9)	10(34.5)	15(51.7)	2(6.9)	3.5862	.7328	.5369
	음식의 가격	7점 척도	0	1(3.4)	8(27.6)	10(34.5)	10(34.5)	4.0000	.8864	.7857
	판매품목의 가격	7점 척도	0	0	5(17.2)	15(51.7)	9(31.0)	4.1379	.6930	.4803
	판매품목의 다양성	7점 척도	0	0	10(34.5)	11(37.9)	8(27.6)	3.9310	.7987	.6379
	메뉴의 다양성	7점 척도	0	0	8(27.6)	15(51.7)	6(20.7)	3.9310	.7036	.4951

(7) 숙박 및 교통 평가항목에 따른 기준에 대한 적합도

숙박 및 교통 평가항목에 따른 기준에 대한 적합도는 〈표 4-37〉
과 같이 나타났다. 개최지역까지의 교통수단과 숙박시설의 행사장
접근은 7점 척도이며, 기준에 대한 적합도는 각각 4.2414와 4.1034
로 높게 나타났다.

또한 교통 혼잡 정도는 7점 척도와 대기시간으로 기준의 적합도

가 4.1034로 나타났다.

〈표 4-37〉 숙박 및 교통 평가항목에 따른 기준에 대한 적합도(n＝29)

구분	항목	기준	적합도(빈도수 및 비율)					평균	표준편차	분산
			매우 적합하지 않다	적합 하지 않다	보통 이다	적합 하다	매우 적합 하다			
숙박 및 교통	개최지까지의 교통수단	7점 척도	0	1(3.4)	2(6.9)	15(51.7)	11(37.9)	4.2414	.7395	.5468
	주차시설	100명당 주차대수	0	3(10.3)	5(17.2)	16(55.2)	5(17.2)	3.7931	.8610	.7414
	숙박시설의 행사장 접근	7점 척도	0	0	6(20.7)	14(48.3)	9(31.0)	4.1034	.7243	.5246
	교통 혼잡 정도	7점 척도/ 대기시간	0	0	6(20.7)	14(48.3)	9(31.0)	4.1034	.7243	.5246
	숙박시설의 청결	7점 척도	0	1(3.4)	3(10.3)	14(48.3)	11(37.9)	4.2069	.7736	.5985
	지역 내의 교통수단의 편리성	7점 척도/ 운행회수	0	2(6.9)	4(13.8)	13(44.8)	10(34.5)	4.0690	.8836	.7808
	교통안내 시설	유무	0	3(10.3)	11(37.9)	10(34.5)	5(17.2)	3.5862	.9070	.8227
	숙박 수용인원	7점 척도/ 객실 수	0	1(3.4)	1(3.4)	20(69.0)	7(24.1)	4.1379	.6394	.4089
	일일최대 운송량	수송가능 인원	0	1(3.4)	9(31.0)	15(51.7)	4(13.8)	3.7586	.7395	.5468

(8) 리스크관리 평가항목에 따른 기준에 대한 적합도

행사장 리스크관리 평가항목에 따른 기준에 대한 적합도는 〈표 4-38〉과 같이 나타났다. 행사보험 평가항목에 대한 기준이 보험가입 여부로 기준에 대한 적합도(4.2414)가 높게 나타났다.

〈표 4-38〉 행사장 리스크관리 평가항목에 따른 기준에 대한 적합도(n=29)

구분	항목	기준	적합도(빈도수 및 비율)					평균	표준편차	분산
			매우 적합하지 않다	적합하지 않다	보통이다	적합하다	매우 적합하다			
리스크	안전사고 대책	유무	1(3.4)	2(6.9)	5(17.2)	11(37.9)	10(34.5)	3.9310	1.0667	1.1379
	화재대책	유무	1(3.4)	2(6.9)	5(17.2)	12(41.4)	9(31.0)	3.8966	1.0469	1.0961
	행사보험	가입 여부	0	1(3.4)	6(20.7)	7(24.1)	15(51.7)	4.2414	.9124	.8325
	우천시 대책	유무	1(3.4)	2(6.9)	8(27.6)	8(27.6)	10(34.5)	3.8276	1.1042	1.2192

(9) 축제 기록 및 예산운용 평가항목에 따른 기준에 대한 적합도

축제 기록 및 예산운용 평가항목에 따른 기준에 대한 적합도는 〈표 4-39〉와 같이 나타났다. 전년도 평가 문제점 개선에 대한 평가기준은 7점 척도로 평가기준에 대한 적합도는 4.2759로 높게 나타났다.

〈표 4-39〉 축제 기록 및 예산운용 평가항목에 따른 기준에 대한 적합도 (n=29)

구분	항목	기준	적합도(빈도수 및 비율)					평균	표준편차	분산
			매우 적합하지 않다	적합하지 않다	보통이다	적합하다	매우 적합하다			
기록 및 예산운용	업체선정의 투명성	7점 척도	0	0	7(24.1)	15(51.7)	7(24.1)	4.0000	.7071	.5000
	전년도 평가 문제점 개선	7점 척도	0	0	6(20.7)	9(31.0)	14(48.3)	4.2759	.7972	.6355
	재정 자립	자립비율	0	3(10.3)	6(20.7)	10(34.5)	10(34.5)	3.9310	.9975	.9951
	기록물 보존	유무	0	4(13.8)	7(24.1)	11(37.9)	7(24.1)	3.7241	.9963	.9926
	적립금	유무	0	4(13.8)	14(48.3)	9(31.0)	2(6.9)	3.3103	.8064	.6502
	보고서 발간	유무	0	3(10.3)	8(27.6)	12(41.4)	6(20.7)	3.7241	.9218	.8498

(10) 지역에 대한 영향 및 효과 평가항목에 따른 기준에 대한 적합도

지역에 대한 영향 및 효과 평가항목에 따른 기준에 대한 적합도는 〈표 4-40〉과 같이 나타났다. 영향 및 효과에 대한 평가기준은 질적인 평가항목으로 구성이 되어 있어 대부분 7점 척도로 나타났으며, 평가 기준에 대한 적합도는 지역 이미지 제고(4.3793)와 지역주민의 여가 참여 기회의 확대가 7점 척도(4.2759)로 적합도가 높게 나타났다.

〈표 4-40〉 지역에 대한 영향 및 효과 평가항목에 따른 기준에 대한 적합도(n=29)

구분	항목	기준	적합도(빈도수 및 비율)					평균	표준편차	분산
			매우 적합하지 않다	적합 하지 않다	보통 이다	적합 하다	매우 적합 하다			
영향 및 효과	지역이미지 제고	7점 척도	0	0	2(6.9)	14(48.3)	13(44.8)	4.3793	.6219	.3867
	지역문화수준의 상승	7점 척도	0	0	4(13.8)	16(55.2)	9(31.0)	4.1724	.6584	.4335
	방문객지출비용	7점 척도	0	1(3.4)	6(20.7)	15(51.7)	7(24.1)	3.9655	.7784	.6059
	지역상품판매의 증가	7점 척도	0	1(3.4)	10(34.5)	9(31.0)	9(31.0)	3.8966	.9002	.8103
	지역고용의 증가	7점 척도	0	1(3.4)	7(24.1)	11(37.9)	10(34.5)	4.0345	.8653	.7488
	지역주민의 여가참여기회	7점 척도	0	0	3(10.3)	15(51.7)	11(37.9)	4.2759	.6490	.4212

제3절 각 집단별 설문조사결과

각 집단별 설문조사에서는 델파이 조사에서 추출된 각 집단별 평가항목에 대하여 중요도에 대한 설문을 실시하였다. 평가항목에 대한 중요도의 분석결과를 이용하여 요인분석을 실시하였으며, 각

조사대상자에 대한 인구통계학적 특성의 결과를 포함하였다.

본 조사에 사용된 설문은 총 550부로 회수된 500부 중 설문에 적합하지 않다고 판단된 64부를 제외하고 446부를 분석에 사용하였다. 이들 설문은 방문객 197부, 지역주민 196부, 주최자 53부로 구성되었다.

방문객 설문은 전북 무주반딧불축제의 설문이 79부, 충북 금산인삼제의 설문이 61부, 강원도 평창의 효석문화제의 설문이 57부로 구성되었다.

지역주민의 설문은 전북 무주반딧불축제의 설문이 87부, 충북 금산인삼제의 설문이 52부, 강원도 평창효석문화제의 설문이 57부로 구성되었다.

주최자의 설문은 조직위원회 관계자, 자원봉사자를 포함하여 전북 무주반딧불축제의 설문이 15부, 충북 금산인삼제의 설문이 22부, 강원도 평창의 효석문화제의 설문이 16부로 구성되었다.

〈표 4-41〉 집단별 설문조사의 구성

구 분	무주반딧불축제		금산인삼제		평창효석문화제		계	
	빈도	비율	빈도	비율	빈도	비율	빈도	비율
외부 방문객	79	43.6	61	45.2	57	43.8	197	44.2
지역주민	87	48.0	52	38.5	57	43.8	196	43.9
주최자	15	8.4	22	16.3	16	12.4	53	11.9
계	181	100.0	135	100.0	130	100.0	446	100.0

1. 조사대상자의 인구통계학적 특성

1) 방문객의 인구통계학적 특성

본 조사에 의한 방문객의 인구통계학적 특성은 〈표 4-42〉와 같다. 성별에 있어서는 남자가 94명으로 47.7%로 나타났고, 여자는 103명으로 52.3%로 나타났다.

〈표 4-42〉 조사대상자의 인구통계학적 특성(방문객)

구분	항목	빈도(명)	비율(%)	구분	항목	빈도(명)	비율(%)
성별	남	94	47.7	소득	100만 원 미만	33	16.8
	여	103	52.3		100만 원 이상~150만 원 미만	32	16.2
	소계	197	100.0		150만 원 이상~200만 원 미만	42	21.3
연령	19~29세	67	34.7		200만 원 이상~250만 원 미만	35	17.3
	30~39세	56	28.4		250만 원 이상~300만 원 미만	15	7.6
	40~49세	43	21.8		300만 원 이상	41	20.8
	50~59세	23	11.7		소계	197	100.0
	60세 이상	8	4.1	가족 구성	미혼	85	43.1
	소계	197	100.0		기혼/자녀 없음	14	4.1
직업	농수산업	8	4.1		기혼/1자녀 이상	98	49.7
	사무직/공무원	39	19.8		소계	197	100.0
	주부	59	29.9	거주지	전라도	46	23.4
	자영업	30	15.2		충청도	35	17.8
	전문직	28	14.2		경상도	19	9.6
	학생	24	12.2		서울, 경기	88	44.7
	무직	1	0.5		강원도	7	3.6
	기타	8	4.1		기타	2	1.0
	소계	197	100.0		소계	197	100.0
학력	중졸 이하	13	6.6	학력	대학원졸 이상	18	9.1
	고졸	54	27.4		소계	197	100.0
	대재, 대졸	112	56.9				

　연령은 20대가 67명으로 34.7%로 나타났고 30대가 56명으로
28.4%, 40대가 43명으로 21.8%, 50대가 23명으로 11.7%, 60세 이
상이 8명으로 4.1%로 나타났다.

　직업에 있어서는 농수산업이 8명으로 4.1%로 나타났고 사무직 또
는 공무원이 39명으로 19.8%, 주부가 59명으로 29.9%, 자영업이 30
명으로 15.2%, 전문직이 28명으로 14.2%, 학생이 24명으로 12.2%,
무직이 1명으로 0.5%, 기타 직업이 8명으로 4.1%로 나타났다.

　학력에 있어서는 중졸 이하가 13명으로 6.6%로 나타났고, 고졸
이 54명으로 27.4%, 대학 재학이나 대졸이 112명으로 56.9%, 대학
원졸 이상이 18명으로 9.1%로 나타났다.

　소득은 100만 원 미만이 33명으로 16.8%로 나타났고 100만 원에서
150만 원은 32명으로 16.2%, 150만 원에서 200만 원은 42명으로
21.3%, 200만 원에서 250만 원은 35명으로 17.3%, 250만 원에서 300
만 원은 15명으로 7.6%, 300만 원 이상은 41명으로 20.8%로 나타났다.

　가족구성은 미혼이 85명으로 43.1%로 나타났고 기혼 중 자녀가
없는 경우는 14명으로 4.1%, 기혼 중 자녀가 있는 경우는 98명으
로 49.7%로 나타났다.

　거주지는 전라도가 46명으로 23.4%로 나타났고 충청도가 35명으
로 17.8%, 경상도가 19명으로 9.6%, 서울·경기가 88명으로 44.7%,
강원도가 7명으로 3.6%, 기타 지역이 2명으로 1.0%로 나타났다.

2) 지역주민의 인구통계학적 특성

　지역주민의 인구통계학적 특성은 〈표 4-43〉과 같다. 성별에 있어

서는 남자가 95명으로 48.5%로 나타났고 여자는 101명으로 51.5%
로 나타났다.

　연령은 20대가 71명으로 36.3%로 나타났고 30대가 62명으로
31.6%, 40대가 47명으로 24.0%, 50대가 13명으로 6.6%, 60세 이상
이 3명으로 1.5%로 나타났다.

　직업에 있어서는 농수산업이 17명으로 8.7%로 나타났고 사무직
또는 공무원이 38명으로 19.4%, 주부가 55명으로 28.1%, 자영업이
29명으로 14.8%, 전문직이 15명으로 7.7%, 학생이 28명으로 14.3%,
무직이 1명으로 0.5%, 기타 직업이 13명으로 6.6%로 나타났다.

〈표 4-43〉 조사대상자의 인구통계학적 특성(지역주민)

구 분	항목	빈도(명)	비율(%)	구 분	항목	빈도(명)	비율(%)
성 별	남	95	48.5	소 득	100만 원 미만	51	20.4
	여	101	51.5		100만 원 이상~150만 원 미만	40	26.0
	소계	196	100.0		150만 원 이상~200만 원 미만	35	17.9
연 령	19~29세	71	36.3		200만 원 이상~250만 원 미만	33	16.8
	30~39세	62	31.6		250만 원 이상~300만 원 미만	17	8.7
	40~49세	47	24.0		300만 원 이상	20	10.2
	50~59세	13	6.6		소계	196	100.0
	60세 이상	3	1.5	가족 구성	미혼	85	43.4
	소계	196	100.0		기혼/자녀 없음	13	6.6
직 업	농수산업	17	8.7		기혼/1자녀 이상	97	49.5
	사무직/ 공무원	38	19.4		소계	196	100.0
	주부	55	28.1	거주 연한	1년 이내	23	11.7
	자영업	29	14.8		1년-5년	28	14.3
	전문직	15	7.7		6년-10년	23	11.7
	학생	28	14.3		11년-20년	61	31.1
	무직	1	0.5		20년 이상	61	31.1
	기타	13	6.6		소계	196	100.0
	소계	196	100.0				
학 력	중졸 이하	15	7.6	학 력	대학원졸 이상	6	0.5
	고졸	94	48.0		소계	196	100.0
	대재, 대졸	81	41.3				

학력에 있어서는 중졸 이하가 15명으로 7.6%로 나타났고, 고졸이 94명으로 48.0%, 대학 재학이나 대졸이 81명으로 41.3%, 대학원졸 이상이 6명으로 0.5%로 나타났다.

가족구성은 미혼이 85명으로 43.4%로 나타났고 기혼 중 자녀가 없는 경우는 13명으로 6.6%, 기혼 중 자녀가 있는 경우는 97명으로 49.5%로 나타났다.

거주연한은 1년 이내가 23명으로 11.7%로 나타났고 1년에서 5년 사이가 28명으로 14.3%, 6년에서 10년 사이가 23명으로 11.7%, 11년에서 20년 사이가 61명으로 31.1%, 20년 이상 거주한 사람이 61명으로 31.1%로 나타났다.

3) 주최자의 인구통계학적 특성

주최자의 인구통계학적 특성은 〈표 4-44〉와 같다. 성별에 있어서는 남자가 32명으로 60.4%로 나타났고 여자는 21명으로 39.6%로 나타났다.

연령은 20대가 10명으로 18.9%로 나타났고 30대 22명으로 41.5%, 40대가 15명으로 28.3%, 50대가 6명으로 11.3%로 나타났다.

소속기관에 있어서는 대행사가 2명으로 3.8%로 나타났고 공무원이 24명으로 45.3%, 지역단체가 6명으로 11.3%, 참여업체가 5명으로 9.4%, 조직위원회 9명으로 17.0%, 자원봉사가 3명으로 5.7%, 기타 직업이 4명으로 7.5%로 나타났다.

학력에 있어서는 고졸이 15명으로 28.3%, 대졸이 30명으로 56.6%, 대학원졸 이상이 8명으로 15.1%로 나타났다.

소득은 100만 원 미만이 7명으로 13.2%로 나타났고 100만 원 이

상 150만 원 미만은 9명으로 17.0%, 150만 원 이상 200만 원 미만
은 12명으로 22.6%, 200만 원 이상에서 250만 원 미만은 12명으로
22.6%, 250만 원 이상 300만 원 미만은 8명으로 15.1%, 300만 원
이상은 5명으로 9.4%로 나타났다.

　　가족구성은 미혼이 16명으로 30.2%로 나타났고 기혼 중 자녀가
없는 경우는 3명으로 5.7%, 기혼 중 자녀가 있는 경우는 34명으로
64.2%로 나타났다.

〈표 4-44〉 조사대상자의 인구통계학적 특성(주최자)

구 분	항목	빈도(명)	비율(%)	구 분	항 목	빈도(명)	비율(%)
성 별	남	32	60.4	소 득	100만 원 미만	7	13.2
	여	21	39.6		100만 원 이상~150만 원 미만	9	17.0
	소계	53	100.0		150만 원 이상~200만 원 미만	12	22.6
연 령	19~29세	10	18.9		200만 원 이상~250만 원 미만	12	22.6
	30~39세	22	41.5		250만 원 이상~300만 원 미만	8	15.1
	40~49세	15	28.3		300만 원 이상	5	9.4
	50~59세	6	11.3		소 계	53	100.0
	60세 이상	0	0	가족 구성	미 혼	16	30.2
	소 계	53	100.0		기혼/자녀 없음	3	5.7
소 속	대행사	2	3.8		기혼/1자녀 이상	34	64.2
	공무원	24	45.3		소 계	53	100.0
	지역단체	6	11.3	축제 업무 경력	1년 미만	10	18.9
	참여업체	5	9.4		1년 이상-2년 미만	10	18.9
	조직위원회	9	17.0		2년 이상-3년 미만	5	9.4
	자원봉사	3	5.7		3년 이상-5년 미만	13	24.5
	기 타	4	7.5		5년 이상-10년 미만	12	22.6
	소 계	53	100.0		10년 이상	3	5.7
학 력	중졸 이하	0	0		소 계	53	100.0
	고 졸	15	28.3	학 력	대학원졸 이상	8	15.1
	대 졸	30	56.6		소 계	53	100.0

축제에 관련된 업무경력은 1년 미만이 10명으로 18.9%로 나타났고 1년 이상2년 미만이 10명으로 18.9%, 2년 이상에서 3년 미만이 5명으로 9.4%, 3년 이상 5년 미만이 13명으로 24.5%, 5년 이상 10년 미만이 12명으로 22.6%, 10년 이상 업무와 관련된 사람이 3명으로 5.7%로 나타났다.

2. 집단별 평가항목의 기술통계

1) 방문객의 평가항목에 대한 기술통계

데이터의 집합은 몇 가지의 수치로 요약할 수 있으며, 이때에 사용되는 것이 기술통계량이다. 기술통계량이란 데이터를 기초로 계산된 평균 등의 수치로서 분포의 중심위치를 나타내는 통계량, 산포도(dispersion)를 나타내는 통계량, 형태를 나타내는 통계량이 있다.[148]

방문객의 평가항목에 대한 중요도의 분포의 중심위치를 나타내는 기준으로서 기술통계량에 대한 결과는 〈표 4-45〉와 같다. 쓰레기 처리 등의 행사장청결, 화장실시설, 쇼핑 매장 내의 청결, 숙박 시설의 청결 등 1순위에서 4순위까지 청결에 대한 항목이 차지함으로써 방문객들은 행사장 내의 청결을 중요하게 생각하는 것으로 나타났다. 참가자의 호응이 5순위로 나타났다.

---

[148] 노형진, 한글SPSSWIN에 의한 조사방법 및 통계분석, 형설출판사, 2001:109.

〈표 4-45〉방문객의 평가항목에 대한 기술통계량

항 목	평 균	표준편차	분 산
1. 쓰레기 처리 등의 행사장청결	4.3858	0.7582	0.5749
2. 화장실시설	4.3299	0.7408	0.5487
3. 음식 매장 내의 청결	4.3147	0.7508	0.5637
4. 숙박시설의 청결	4.2792	0.8319	0.6921
5. 참가자의 호응	4.2792	0.8007	0.6410
6. 지역특성음식	4.2741	0.8119	0.6592
7. 음식 종업원의 친절	4.2690	0.7718	0.5956
8. 개최지역까지 교통수단	4.2589	0.8011	0.6418
9. 장애인 편의시설	4.2538	0.7932	0.6291
10. 개최지역 내 교통수단	4.2386	0.7752	0.6010
11. 주차시설	4.2335	0.7866	0.6187
12. 지역특산물	4.2234	0.8150	0.6641
13. 수용능력	4.2081	0.7709	0.5942
14. 응급시설	4.1929	0.7781	0.6055
15. 교통안내시설	4.1624	0.8106	0.6572
16. 주제 관련	4.1624	0.7653	0.5857
17. 쇼핑 종업원의 친절	4.1574	0.8272	0.6843
18. 내용의 완성도	4.1523	0.8434	0.7114
19. 미아보호소	4.1523	0.7936	0.6298
20. 행사장까지의 접근	4.1421	0.8207	0.6736
21. 종합안내소	4.1371	0.8308	0.6903
22. 방문객동선, 행사장배치	4.1269	0.8325	0.6930
23. 행사장배치도 안내책자	4.1218	0.8115	0.6586
24. 관광코스연계	4.0914	0.7901	0.6243
25. 교통 혼잡 정도	4.0863	0.7939	0.6303
26. 체험프로그램	4.0761	0.8860	0.7850
27. 무료휴게공간	4.0558	0.7966	0.6346
28. 홈페이지	4.0355	0.8474	0.7181
29. 인터넷홍보	4.0000	0.7954	0.6327
30. 안내요원의 수	4.0000	0.7693	0.5918
31. 공연시설	3.9898	0.8143	0.6632
32. 주제 관련 상품	3.9695	0.8743	0.7644
33. 음식의 가격	3.9645	0.8353	0.6977
34. 판매품목의 가격	3.9086	0.8641	0.7467
35. 대상별 프로그램	3.8985	0.8630	0.7447
36. 종합불편신고센터	3.8934	0.8414	0.7080
37. 유아시설	3.8629	0.7670	0.5883
38. 매체 노출빈도	3.8477	0.8313	0.6910
39. 홍보이벤트	3.8274	0.8575	0.7354
40. 메뉴의 다양성	3.7868	0.8177	0.6686
41. 판매품목의 다양성	3.7157	0.8633	0.7453
42. 은행 또는 현금지급기	3.6091	0.8172	0.6679

2) 지역주민의 평가항목에 대한 기술통계

지역주민의 평가항목에 대한 기술통계량은 〈표 4-46〉과 같다. 쓰레기 처리(4.4439)나 쇼핑 매장 내의 청결(4.4082), 참가자의 호응(4.3980) 등은 방문객과 유사하게 나타났고 지역주민은 방문객에 비해 지역이미지 및 지역특산물에 대하여 중요하다고 평가하는 것으로 나타났다.

〈표 4-46〉 지역주민의 평가항목에 대한 기술통계량

항 목	평 균	표준편차	분 산
1. 쓰레기 처리	4.4439	0.8955	0.8020
2. 축제를 통한 지역이미지	4.4235	0.8408	0.7069
3. 지역특산물	4.4082	0.8144	0.6633
4. 음식 매장 내의 청결	4.4082	0.8207	0.6736
5. 참가자의 호응	4.3980	0.7876	0.6203
6. 화장실시설	4.3724	0.7904	0.6247
7. 인터넷홍보	4.3673	0.7764	0.6028
8. 지역문화수준의 향상	4.3520	0.8250	0.6806
9. 홍보이벤트	4.3520	0.8061	0.6498
10. 쾌적성(행사장수용능력)	4.3316	0.8517	0.7254
11. 야간프로그램	4.3061	0.8027	0.6443
12. 지역주민의 참여도	4.2908	0.8364	0.6996
13. 홈페이지	4.2806	0.7564	0.5721
14. 자원봉사참여율	4.2806	0.8088	0.6542
15. 종합안내소	4.2653	0.8358	0.6985
16. 지역상품 판매 증가	4.2449	0.7918	0.6269
17. 비수기 개최	4.2194	0.7960	0.6337
18. 지역고용의 증가	4.1990	0.8204	0.6730
19. 종합불편신고센터	4.1786	0.7998	0.6397
20. 주제 관련 프로그램	4.1735	0.8293	0.6877
21. 지역주민의 여가참여	4.1582	0.8168	0.6672
22. 주민참여조직	4.1173	0.8237	0.6785
23. 판매품목의 다양성	4.1122	0.8087	0.6540
24. 장애인편의시설	4.0714	0.8623	0.7436
25. 주민참여프로그램	4.0357	0.9079	0.8244
26. 체험프로그램	4.0255	0.8619	0.7429
27. 응급시설	4.0255	0.7675	0.5891
28. 미아보호소	3.9847	0.7876	0.6203
29. 무료휴게공간	3.9694	0.8996	0.8093
30. 메뉴의 다양성	3.9643	0.9412	0.8859

3) 주최자의 평가항목에 대한 기술통계

주최자의 평가항목은 지역특산물(4.5472), 전년도 문제점에 대한 개선(4.5904), 주차시설(4.4906), 화장실시설(4.4906), 지역주민참여 (4.4717), 안전사고대책(4.4528), 업체 선정의 투명성(4.4528), 지역 문화 수준(4.4340)의 향상 등이며, 상위항목 중에서 지역특산물이나 전년도 문제점 개선에 대한 부분이 특히 중요하게 나타나고 있다.

〈표 4-47〉 주최자의 평가항목에 대한 기술통계량

항 목	평 균	표준편차	분 산
1. 지역특산물	4.5472	0.5740	0.3295
2. 전년도 평가 문제점 개선	4.5094	0.6392	0.4086
3. 주차시설	4.4906	0.6084	0.3701
4. 화장실시설	4.4906	0.6392	0.4086
5. 지역주민참여	4.4717	0.6386	0.4078
6. 안전사고대책	4.4528	0.6670	0.4448
7. 업체선정의 투명성	4.4528	0.6375	0.4064
8. 지역문화 수준의 향상	4.4340	0.6653	0.4427
9. 지역상품 판매의 증가	4.4340	0.5374	0.2888
10. 기록물보존	4.4151	0.6024	0.3628
11. 개최지 내 교통수단의 편리성	4.4151	0.6024	0.3628
12. 화재대책	4.3962	0.7927	0.6284
13. 야간프로그램	4.3774	0.5625	0.3164
14. 우천시대책	4.3774	0.6272	0.3933
15. 자원봉사참여율	4.3585	0.7097	0.5036
16. 상시청소인력, 쓰레기 처리	4.3585	0.7363	0.5421
17. 지역고용의 증가	4.3396	0.7056	0.4978
18. 배치도 및 안내책자	4.3396	0.7323	0.5363
19. 종합안내소	4.3208	0.6437	0.4144
20. 공연시설(무대, 음향, 조명)	4.3019	0.7987	0.6379
21. 장애인편의시설	4.3019	0.6957	0.4840
22. 인터넷홍보	4.2830	0.6900	0.4761
23. 응급시설	4.2830	0.7937	0.6299
24. 교통 혼잡 정도	4.2642	0.6549	0.4289

항 목	평 균	표준편차	분 산
25. 동선 및 배치	4.2642	0.7377	0.5443
26. 홈페이지	4.2453	0.6476	0.4194
27. 교통안내시설	4.2264	0.6973	0.4862
28. 자원봉사 조직구성	4.2264	0.7504	0.5631
29. 전문인력 보유현황	4.2264	0.8467	0.7170
30. 방문객지출비용	4.2075	0.7168	0.5138
31 주민참여조직	4.2075	0.7686	0.5907
32 안내요원 수	4.2075	0.6894	0.4753
33 미디어 노출빈도	4.1698	0.7528	0.5668
34 무료휴게공간	4.1509	0.7441	0.5537
35 자원봉사 관리체계	4.1509	0.7695	0.5922
36 홍보이벤트	4.1509	0.7178	0.5152
37 미아보호소	4.1321	0.7854	0.6168
38 체험프로그램	4.0943	0.6868	0.4717
39 보고서 발간	4.0377	0.8077	0.6524
40. 적립금	4.0000	0.7596	0.5769
41. 메뉴의 다양성	3.9434	0.8184	0.6698
42. 판매품목의 다양성	3.9057	0.7909	0.6255

3. 집단별 평가항목의 요인분석

1) 방문객의 평가항목에 대한 분석

(1) 신뢰성 분석결과

연구결과를 기초로 올바른 의사결정을 하려면, 데이터 수집단계
에서 신뢰성을 갖춘 측정방법을 사용하는 것이 불가결한 일이다.
신뢰성이란 측정결과에 오차가 들어 있지 않은 정도, 즉 분산에 대
한 체계적 정보를 반영하고 있는 정도를 나타내는 것이다.[149]

---

149) 노형진, 한글SPSSWIN에 의한 조사방법 및 통계분석, 형설출판사,
    2001: 553.

본 연구에서는 크론바하 알파(Cronbach's alpha)계수를 사용하였다. 크론바하 알파계수는 테스트나 척도가 어느 정도 대상을 정확하게 측정할 수 있는지를 나타내는 신뢰도계수의 하나로서, 상관계수와 마찬가지로 '1'에 가까울수록 테스트 항목의 신뢰도가 높다.[150]

방문객의 평가항목에 대한 신뢰성 검증에서 평가항목에 대한 신뢰도 분석결과 크론바하 알파계수는 0.9516으로 나타나고 있어 높은 수치를 나타내고 있다.

(2) 방문객의 평가항목에 대한 요인분석결과

방문객의 축제평가항목에 대한 요인분석을 실시한 결과 42개 항목이 9개의 요인으로 추출되었고 〈표 4-48〉과 같다. 요인 1은 개최지역 내 교통수단, 개최지역까지 교통수단, 교통 혼잡 정도, 교통안내시설, 주차시설, 행사장까지의 접근, 숙박시설의 청결, 행사장 수용능력 등으로 '교통 및 숙박'으로 명명하였으며, 요인 2는 응급시설, 미아보호소, 화장실시설, 유아시설, 무료휴게공간, 매장 내의 청결, 은행 또는 현금지급기 등으로 '시설'로 명명하였다.

요인 3은 주제 관련 상품, 판매품목의 다양성, 지역특산물, 종업원의 친절 등으로 '상품'으로 명명하였으며, 요인 4는 홍보이벤트, 인터넷홍보, 홈페이지, 매체 노출빈도 및 관광코스연계 등으로 '홍보'라 명명하였다.

요인 5는 내용의 완성도, 주제 관련 상품, 참가자의 호응, 체험프로그램, 대상별 프로그램, 종합불편 신고센터, 장애인 편의시설 등

---

150) 노형진, SPSS/Amos에 의한 사회조사분석, 형설출판사, 2002: 29.

으로 '프로그램 및 지원시설'이라고 명명하였으며, 요인 6은 종합안
내소, 행사장 배치도 및 안내책자, 안내요원의 수, 행사장 청결 및
쓰레기 처리 등으로 '안내 및 환경'이라 명명하였다.

요인 7은 공연시설, 방문객 동선 및 행사장 배치 등으로 '동선
및 공연'으로 명명하였으며, 요인 8은 메뉴의 다양성, 음식 관련 종
업원의 친절, 지역특성음식 등으로 '음식'이라 명명하였으며, 요인
9는 음식 및 판매품목의 가격으로 '가격'으로 명명하였다.

각 요인의 분산설명력은 12.846%, 9.427%, 8.181%, 7.964%,
7.398%, 6.658%, 5.001%, 4.090%, 3.888%로 나타났다.

Kasier의 표본적합도 계수는 0.905로 나타났고 전체 설명력은
65.452%로 나타났다.

〈표 4-48〉 방문객의 평가항목에 대한 요인분석결과

내 용	아이겐 값	요인 적재량	공통성	분산설명력
요인 1: 교통 및 숙박				
1) 개최지역 내 교통수단		.796	.745	
2) 개최지역까지 교통수단		.774	.744	
3) 교통 혼잡 정도		.751	.686	
4) 교통안내시설	5.395	.721	.688	12.846
5) 주차시설		.705	.701	
6) 행사장까지의 접근		.680	.656	
7) 숙박시설의 청결		.530	.648	
8) 쾌적성(행사장 수용능력)		.469	.565	
요인 2: 시설				
9) 응급시설		.756	.709	
10) 미아보호소		.742	.714	
11) 화장실시설	3.959	.689	.649	9.427
12) 유아시설		.580	.646	
13) 무료휴게공간		.503	.592	
14) 매장 내의 청결		.483	.630	
15) 은행 또는 현금지급기		.455	.624	
요인 3: 상품				
16) 주제 관련 상품		.711	.660	
17) 판매품목의 다양성	3.436	.708	.666	8.181
18) 지역특산물		.636	.677	
19) 쇼핑 종업원의 친절		.590	.659	

내 용	아이겐 값	요인 적재량	공통성	분산설명력
요인 4: 홍보				
20) 홍보이벤트		.778	.662	
21) 인터넷 홍보		.766	.694	
22) 홈페이지	3.345	.728	.698	7.964
23) 매체 노출빈도		.702	.640	
24) 관광코스연계		.541	.620	
요인 5: 프로그램 및 지원시설				
25) 내용의 완성도		.740	.637	
26) 주제 관련 프로그램		.655	.617	
27) 참가자의 호응		.633	.640	
28) 체험프로그램	3.107	.627	.609	7.398
29) 대상별 프로그램		.600	.540	
30) 종합불편 신고센터		.422	.517	
31) 장애인편의시설		.371	.536	
요인 6: 안내 및 환경				
32) 종합안내소		.720	.702	
33) 행사장배치도 및 안내책자	2.796	.669	.718	6.658
34) 안내요원의 수		.610	.662	
35) 행사장청결 및 쓰레기 처리		.533	.650	
요인 7: 동선 및 공연				
36) 공연시설	2.100	.759	.678	5.001
37) 방문객동선 및 행사장 배치		.560	.688	
요인 8: 음식				
38) 메뉴의 다양성		.542	.544	
39) 음식 종업원의 친절	1.718	.460	.659	4.090
40) 지역특성음식		.413	.692	
요인 9: 가격				
41) 음식의 가격	1.633	.633	.654	3.888
42) 판매품목의 가격		.590	.756	

총 분산 설명력: 65.452%.

2) 지역주민의 평가항목에 대한 분석결과

(1) 신뢰성 분석결과

지역주민의 평가항목에 대한 신뢰성 검증에서 크론바하 알파계수는 0.9315로 나타났다.

(2) 지역주민의 평가항목에 대한 요인분석결과

지역주민의 축제평가항목에 대한 요인분석을 실시한 결과 30개 항목이 6개의 요인으로 추출되었고 〈표 4-49〉와 같다.

요인 1은 체험프로그램, 메뉴의 다양성, 판매품목의 다양성, 음식 관련 매장 내의 청결, 무료휴게공간, 참가자의 호응, 야간프로그램 등으로 '운영 및 프로그램'으로 명명하였으며, 요인 2는 쓰레기 처리, 쾌적성, 행사장 배치도, 안내요원의 수, 지역특산물의 유무, 화장실시설 등으로 '행사장 및 특산물'로 명명하였다.

요인 3은 지역주민의 참여도, 주민참여조직, 자원봉사참여율, 주민참여 프로그램 등으로 '주민참여'로 명명하였으며, 요인 4는 지역고용의 증가, 지역상품 판매 증가, 지역주민의 여가참여, 축제를 통한 지역이미지 제고, 지역문화수준의 향상, 주제 관련 프로그램 등으로 '지역이미지 및 영향'으로 명명하였다.

요인 5는 비수기 개최 여부, 홈페이지, 인터넷홍보, 홍보이벤트 등으로 '홍보'라고 명명하였으며, 요인 6은 응급시설, 미아보호소, 장애인편의시설 등으로 '부대시설'이라 명명하였다.

이러한 요인분석의 결과에서 공통성을 보면 각 변수의 요인적재량은 0.445에서 0.812까지 나타났으며, 각 요인의 분산설명력은 13.019%, 10.904%, 10.319%, 10.188%, 10.133%, 8.153%로 나타났다.

Kasier의 표본적합도 계수는 0.865로 나타났고 전체 설명력은 62.716%로 나타났다.

〈표 4-49〉 지역주민의 평가항목에 대한 요인분석의 결과

내 용	아이겐 값	요인 적재량	공통성	분산 설명력
요인 1: 운영 및 프로그램				
1) 체험프로그램		.778	.673	
2) 메뉴의 다양성		.683	.611	
3) 판매품목의 다양성	3.906	.668	.530	13.019
4) 매장 내 청결		.620	.666	
5) 무료휴게공간		.607	.439	
6) 참가자의 호응		.572	.665	
7) 야간프로그램		.563	.601	
요인 2: 행사장 및 지역특산물				
8) 쓰레기 처리		.747	.738	
9) 쾌적성		.726	.680	
10) 종합안내소	3.271	.624	.704	10.904
11) 종합불편 신고센터		.578	.580	
12) 지역특산물		.574	.583	
13) 화장실시설		.489	.575	
요인 3: 주민참여				
14) 지역주민의 참여도		.739	.648	
15) 주민참여조직	3.096	.667	.656	10.319
16) 자원봉사참여율		.638	.551	
17) 주민참여 프로그램		.631	.565	
요인 4: 지역이미지 및 영향				
18) 지역고용의 증가		.807	.681	
19) 지역상품 판매 증가		.750	.652	
20) 지역주민의 여가참여	3.056	.622	.576	10.188
21) 축제를 통한 지역이미지		.539	.624	
22) 지역문화수준의 향상		.493	.432	
23) 주제 관련 프로그램		.445		
요인 5: 홍보				
24) 비수기 개최		.812	.765	
25) 홈페이지	3.040	.782	.762	10.133
26) 인터넷 홍보		.695	.722	
27) 홍보이벤트		.652	.654	
요인 6: 부대시설				
28) 응급시설		.744	.706	
29) 미아보호소	2.446	.682	.704	8.153
30) 장애인 편의시설		.569	.492	

총 분산 설명력: 62.716%.

3) 주최자의 평가항목에 대한 분석결과

(1) 신뢰성 분석결과

주최자의 평가항목에 대한 신뢰성 검증에서 크론바하 알파계수는 0.9548로 나타나고 있다.

(2) 주최자의 평가항목에 대한 요인분석결과

축제 주최자의 축제평가항목에 대한 요인분석을 실시한 결과 42개 항목이 10개의 요인으로 추출되었고 〈표 4-50〉과 같다. 요인 1은 전년도 평가문제점 개선, 적립금 유무, 기록물보존, 체험프로그램, 지역문화 수준의 향상, 전문인력 보유현황, 공연시설, 보고서 발간, 판매품목의 다양성 등으로 '운영 및 관리'로 명명하였으며, 요인 2는 배치도 및 안내책자, 안내요원의 수, 종합안내소, 무료 휴게공간, 주차시설, 교통안내시설, 개최지 내 교통수단의 편리성, 쓰레기처리 등의 행사장청결 등으로 '안내 및 지원'으로 명명하였다.

요인 3은 자원봉사 관리체계, 자원봉사 조직구성, 주민참여조직, 지역주민의 참여도, 자원봉사 참여율 등으로 '지역참여'로 명명하였으며, 요인 4는 안전사고대책, 화재대책, 우천시대책, 교통 혼잡의 정도 등으로 '위기관리'로 명명하였다.

요인 5는 인터넷홍보, 홍보이벤트, 미디어 노출빈도, 홈페이지 등으로 '홍보'라고 명명하였으며, 요인 6은 화장실시설, 응급시설, 미아보호소로 '부대시설'이라 명명하였다.

〈표 4-50〉 주최자의 평가항목에 대한 요인분석의 결과

내 용	아이겐 값	요인 적재량	공통성	분산설명력
요인 1: 운영 및 관리				
1) 전년도 평가 문제점 개선		.730	.741	
2) 적립금		.677	.789	
3) 기록물 보존		.676	.743	
4) 체험프로그램		.647	.652	
5) 지역문화 수준의 향상	5.421	.635	.711	12.907
6) 전문인력 보유현황		.612	.722	
7) 공연시설(무대, 음향, 조명 등)		.601	.714	
8) 보고서 발간		.580	.709	
9) 쇼핑판매품목		.531	.702	
요인 2: 안내 및 지원				
10) 배치도 및 안내책자		.746	.849	
11) 안내요원의 수		.718	.784	
12) 종합안내소		.656	.743	
13) 무료휴게공간	5.159	.621	.660	12.284
14) 주차시설		.607	.638	
15) 교통안내시설		.565	.731	
16) 개최지 내 교통수단의 편리성		.564	.744	
17) 상시청소인력 및 쓰레기 처리		.535	.778	
요인 3: 지역참여				
18) 자원봉사관리체계		.831	.895	
19) 자원봉사 조직구성		.775	.866	
20) 주민참여조직	3.880	.734	.790	9.239
21) 지역주민참여		.662	.830	
22) 자원봉사 참여율		.577	.682	
요인 4: 위기관리				
23) 안전사고대책		.778	.802	
24) 화재대책	3.758	.755	.773	8.948
25) 우천시대책		.723	.712	
26) 쾌적성(혼잡관리)		.495	.698	
요인 5: 홍보				
27) 인터넷 홍보		.898	.910	
28) 홍보이벤트	3.071	.738	.849	7.312
29) 미디어 노출빈도		.678	.706	
30) 홈페이지		.563	.816	
요인 6: 부대시설				
31) 화장실시설		.859	.864	
32) 응급시설	2.896	.624	.815	6.894
33) 미아보호소		.624	.781	

내 용	아이겐 값	요인 적재량	공통성	분산설명력
요인 7: 투명성과 기타 시설				
34) 야간프로그램	2.618	.686	.673	6.232
35) 업체선정의 투명성		.568	.712	
36) 장애인 편의시설		.541	.864	
요인 8: 지역경제				
37) 지역상품의 판매 증가		.785	.800	
38) 방문객지출비용	2.312	.780	.749	5.506
39) 지역특산물		.492	.748	
40) 지역고용의 증가		.459	.756	
요인 9: 동선	1.556			3.706
41) 동선 및 배치		.685	.834	
요인 10: 다양성	1.378			3.281
42) 메뉴의 다양성		.526	.718	

요인 7은 야간프로그램, 업체선정의 투명성, 장애인 편의시설로 '투명성과 기타 시설'이라 명명하였으며, 요인 8은 지역상품의 판매 증가, 방문객 지출비용, 지역특산물의 유무, 지역고용의 증가로서 '지역경제'라 명명하였다.

요인 9는 동선 및 배치로 '동선'이라 명명하였고, 요인 10은 메뉴의 다양성으로 '다양성'으로 명명하였다.

이러한 요인분석의 결과에서 공통성을 보면 각 변수의 요인적재량은 0.652에서 0.910까지 나타났으며 각 요인의 분산설명력은 12.907%, 12.284%, 9.239%, 8.948%, 7.312%, 6.894%, 6.232%, 5.506%, 3.706%, 3.281%로 나타났다.

주최자의 경우 설문응답자가 축제의 실무를 담당하는 담당자라서 자기가 맡은 분야에 대해 중요하다고 응답하는 경우가 많았으며, 따라서 보는 시각의 차이가 크기 때문에 평가항목에 따른 요인이 여러 가지로 추출된 것으로 보인다.

제4절 분석결과 정리

1. 분석결과에 따른 시사점

1) 평가 주체와 평가시기에 관한 내용

평가 주체의 적합성에 관한 각 집단별 내용은 다음과 같다. 각 평가 주체 집단의 적합성에 대한 평균값은 전체적으로 높게 나타났다. 방문객이 평가 주체로 적합하다는 내용이 4.6552로 나타났으며, 외부 전문가가 4.4483, 지역주민이 4.3103, 주최자가 3.7242로 나타났다.

평가 주체에 있어 주최자에 대한 적합성은 다른 평가 주체에 비하여 상대적으로 낮게 나타나고 있다. 따라서 평가 주체에 있어 방문객과 전문가, 지역주민을 중심으로 한 평가가 우선되어야 할 것이며, 주최자에 의한 평가는 정확한 데이터를 중심으로 한 보완적 평가가 되어야 할 것으로 보인다.

평가시기의 적합성에 대한 결과는 사후평가가 평가시기로 적합하다는 내용이 4.8276으로 나타났으며, 실행평가는 4.1034로 나타났다. 사전평가는 2.7590으로 낮은 수치를 보이고 있다.

따라서 축제평가의 시기는 축제현장을 방문하여 실행 중인 축제의 내용을 평가하는 실행평가와 축제가 끝난 후 각종 데이터 자료와 설문조사를 통하여 평가하는 사후평가를 위주로 평가가 이루어져야 할 것으로 보인다.

2) 평가방법에 관한 내용

평가방법의 적합성에 대한 결과는 설문조사가 평가방법으로 적합하다는 내용이 4.310으로 나타났으며, 참여관찰이 4.1379, 데이터 조사가 3.7586, 경제적인 영향측정이 3.7241, 심층면접이 3.5517의 순으로 나타났다.

따라서 평가방법은 방문객이나 지역주민에 대한 설문조사의 방법과 축제현장에 직접 방문하여 평가하는 참여관찰방법이 적합한 것으로 나타났다. 그 외에 데이터 자료나 경제적인 영향평가, 심층면접의 방법은 설문조사나 참여관찰의 보조적인 평가방법으로 적합할 것으로 보인다.

3) 집단별 평가항목의 중요도에 따른 시사점

방문객과 지역주민의 평가항목에 대한 중요도의 통계치를 보면 많은 부분이 공통적으로 나타나고 있다. 쓰레기 처리(방문객: 4.3858, 지역주민: 4.4439)는 두 집단 모두 가장 중요한 평가항목으로 나타나고 있고, 화장실 시설(방문객: 4.3299, 지역주민: 4.4439)도 중요한 항목으로 나타나고 있다.

〈표 4-51〉 집단별 평가항목에 따른 중요도 비교(방문객과 지역주민)

구 분	항목(중요도순)	평 균	구 분	항목(중요도순)	평 균
방문객	1. 쓰레기 처리 등의 행사 장청결	4.3858	지역 주민	1. 쓰레기 처리 등의 행사장청결	4.4439
	2. 화장실시설	4.3299		2. 지역이미지 제고	4.4235
	3. 음식 매장 내의 청결	4.3147		3. 지역특산물	4.4082
	4. 숙박시설의 청결	4.2792		4. 음식 매장 내의 청결	4.4082
	5. 참가자의 호응	4.2792		5. 참가자의 호응	4.3980
	6. 지역특성음식	4.2741		6. 화장실시설	4.3724
	7. 음식 종업원의 친절	4.2690		7. 인터넷홍보	4.3673
	8. 개최지역까지 교통수단	4.2589		8. 지역문화수준의 향상	4.3520
	9. 장애인 편의시설	4.2538		9. 홍보이벤트	4.3520
	10. 개최지역 내 교통수단	4.2386		10. 쾌적성(행사장수용 능력)	4.3316

음식 매장 내의 청결(방문객: 4.3147, 지역주민: 4.4082, 전문가: 4.4483)은 외부 전문가도 공통적인 평가항목으로 나타나고 있어 방문객이나 지역주민 등의 참가자와 전문가는 축제장의 청결 부분을 중요하게 생각하고 있는 것으로 나타나고 있다.

프로그램요인에 있어서도 세 집단 모두 참가자의 호응이 중요하다(방문객: 4.2792, 지역주민: 4.3980, 외부 전문가: 4.6897)고 보고 있어 주최자의 관점이 아닌 참가자의 관점에서 프로그램의 예술성이나 완성도보다는 참가자의 호응이 중요함을 나타내고 있다.

또한 방문객은 숙박시설의 청결(4.2792)이나 개최지역까지 교통수단(4.2589), 개최지역 내의 교통수단(4.2386) 등의 항목을 중요하게 생각하는 반면에 지역주민은 지역이미지 제고(4.4235), 지역특산물(4.4082), 지역문화의 향상 등의 지역과 관련된 항목을 중요하게 생각하고 있어 축제평가에 대한 서로 다른 시각을 보이고 있다.

또한 주최자는 지역특산물(4.5472)과 전년도 평가문제점 개선(4.5094)에 비중을 두고 있는 반면에 외부 전문가는 주제 관련 프로그램(4.7586), 동선 및 배치(4.6207), 체험프로그램(4.5862) 등 전문가적 관점에서 보고 있어 축제를 평가하는 시각의 차이를 보이고 있다.

또한 지역주민과 주최자는 지역특산물(지역주민: 4.4082, 주최자: 4.5472)에 대하여 공통적으로 중요하게 보고 있고, 주최자와 전문가는 지역주민의 참여(주최자: 4.4417, 외부 전문가: 4.4818)와 안전사고 대책을 중요한 항목으로 보고 있다.

주최자의 평가항목에 대한 중요도를 보면 지역특산물(4.5472)을 제일 중요하게 생각하고 있는 것으로 나타났다. 또한 지역주민참여(4.4717), 지역문화수준의 향상(4.4340), 지역상품 판매의 증가(4.4340) 등 지역의 발전과 관련된 항목을 제일 중요하게 생각하고 있는 것으로 나타났다.

또한 주최자는 전년도 평가문제점의 개선(4.5904)에 대한 항목과 주차시설(4.4906), 화장실시설(4.4906)에 대해서도 중요하게 생각하고 있는 것으로 나타났다.

주최자는 방문객과 지역주민의 평가항목과는 상이한 차이를 보이고 있어 다면적인 평가의 필요성을 보여주고 있다.

212

〈표 4-52〉집단별 평가항목에 따른 중요도 비교(주최자와 외부 전문가)

구 분	항 목	평 균	구 분	항 목	평 균
주최자	1. 지역특산물	4.5472	전문가	1. 주제 관련 프로그램	4.7586
	2. 전년도 평가 문제점 개선	4.5094		2. 참가자의 호응	4.6897
	3. 주차시설	4.4906		3. 동선 및 배치	4.6207
	4. 화장실시설	4.4906		4. 체험프로그램	4.5862
	5. 지역주민의 참여	4.4717		5. 전문인력 보유현황	4.5517
	6. 안전사고대책	4.4528		6. 음식 종업원의 친절	4.5172
	7. 업체선정의 투명성	4.4528		7. 지역주민의 참여	4.4828
	8. 지역문화 수준의 향상	4.4340		8. 음식 매장 내의 청결	4.4483
	9. 지역상품 판매의 증가	4.4340		9. 안전사고대책	4.4483
	10. 기록물보존	4.4151		10. 응급시설	4.4138

2. 다면평가시스템에 의한 집단별 평가항목과 기준

1) 방문객의 평가항목 및 기준

방문객의 평가항목 및 평가기준은 〈표 4-53〉과 같이 제시되었다. 요인 1은 교통 및 숙박으로 개최지역까지의 교통수단은 7점 척도로, 주차시설은 1,000명당 주차가능대수, 교통안내시설은 안내시설의 유무로 하였다. 또한 요인별로 각 항목의 중요도에 따라서 30% 이내에서 가중치(140%)를 반영하는 것으로 제시되었다.

〈표 4-53〉 방문객의 평가항목 및 기준

구 분	평가항목	평가기준	가중치
요인 1: 교통 및 숙박	숙박시설의 청결	7점 척도	◎
	개최지역까지 교통수단	7점 척도	◎
	개최지역 내 교통수단	7점 척도, 운행횟수	◎
	주차시설	1,000명당 주차대수	
	행사장 수용능력(쾌적성)	7점 척도	
	교통안내시설	유 무	
	행사장까지의 접근	7점 척도	
	교통 혼잡 정도	7점 척도, 대기시간	
요인 2: 시설	화장실시설	화장실 수, 남녀비율	◎
	음식 매장 내의 청결	7점 척도	◎
	응급시설	구급차/요원대기 여부	
	미아보호소	유 무	
	무료휴게공간	유 무	
	유아시설	유 무	
	은행 또는 현금지급기	유 무	
요인 3: 상품	지역특산물	유 무	◎
	쇼핑종업원의 친절	7점 척도	
	주제 관련 상품	유 무	
	판매품목의 다양성	7점 척도	
요인 4: 홍보	관광코스연계	유 무	◎
	홈페이지	7점 척도	◎
	인터넷 홍보	7점 척도	
	매체 노출빈도	7점 척도, 빈도수	
	홍보이벤트	유 무	
요인 5: 프로그램 및 지원시설	참가자의 호응	7점 척도	◎
	장애인 편의시설	유 무	◎
	주제 관련 프로그램	유 무	
	내용의 완성도	7점 척도	
	체험프로그램	유 무	
	대상별 프로그램	유 무	
	종합불편 신고센터	유무, 처리비율	
요인 6: 안내 및 환경	행사장청결 및 쓰레기 처리	7점 척도	◎
	종합안내소	유 무	
	행사장배치도 및 안내책자	유 무	
	안내요원 수	1,000명당 인원수	
요인 7: 동선 및 공연	방문객동선 및 행사장 배치	7점 척도	
	공연시설	7점 척도	
요인 8: 음식	지역특성음식	유 무	◎
	음식 관련 종업원의 친절	7점 척도	
	메뉴의 다양성	7점 척도	
요인 9: 가격	음식의 가격	7점 척도	
	판매품목의 가격	7점 척도	

◎: 가중치 반영항목.

214

2) 지역주민의 평가항목 및 기준

지역주민의 평가항목 및 평가기준은 〈표 4-54〉와 같이 제시되었다.

〈표 4-54〉 지역주민의 평가항목 및 기준

구 분	평가항목	평가기준	가중치반영
요인 1: 운영 및 프로그램	음식 매장 내의 청결	7점 척도	◎
	참가자의 호응	7점 척도	◎
	야간프로그램	유무	
	판매품목의 다양성	7점 척도	
	체험프로그램	유무	
	무료휴게공간	유무	
	메뉴의 다양성	7점 척도	
요인 2: 행사장 및 특산물	쓰레기 처리	7점 척도	◎
	지역특산물	유무	◎
	화장실시설	화장실 수, 남녀비율	
	행사장수용능력(쾌적성)	7점 척도	
	종합안내소	유무	
	종합불편 신고센터	유무, 처리비율	
요인 3: 주민참여	지역주민의 참여도	7점 척도	◎
	자원봉사참여율	7점 척도, 참여율	
	주민참여조직	유무	
	주민참여프로그램	유무	
요인 4: 지역이미지 및 영향	축제를 통한 지역이미지	7점 척도	◎
	지역문화수준의 향상	7점 척도	◎
	지역상품 판매 증가	7점 척도	
	지역고용의 증가	7점 척도	
	주제 관련 프로그램	유무	
	지역주민의 여가참여	7점 척도	
요인 5: 홍보	인터넷 홍보	7점 척도	◎
	홍보이벤트	유무	
	홈페이지	7점 척도	
	비수기 개최	비수기 개최 여부	
요인 6: 부대시설	장애인 편의시설	유무	◎
	응급시설	구급차/요원대기 여부	
	미아보호소	유무	

◎: 가중치 반영항목.

요인 1은 운영 및 프로그램으로 참가자의 호응은 7점 척도로, 야간프로그램은 프로그램의 유무, 음식메뉴의 다양성은 7점 척도로 하였다. 조사결과에 따라 요인별로 각 항목의 중요도에 따라서 30% 이내에서 가중치(140%)를 반영하는 것으로 제시되었다.

3) 주최자의 평가항목 및 기준

주최자의 평가항목 및 평가기준은 〈표 4-55〉와 같이 제시되었다. 요인 1은 운영 및 관리로 전년도 평가문제점 개선은 7점 척도로, 전문인력보유는 보유유무로, 체험프로그램은 프로그램의 유무로 하였다.

조사결과에 따라 요인별로 각 항목의 중요도에 따라서 30% 이내에서 가중치(140%)를 반영하는 것으로 제시되었다.

〈표 4-55〉 주최자의 평가항목 및 기준

구 분	평가항목	평가기준	가중치반영
요인 1: 운영 및 관리	전년도 평가 문제점 개선	7점 척도	◎
	지역문화 수준의 향상	7점 척도	◎
	기록물 보존	유무	◎
	공연시설(무대, 음향, 조명)	7점 척도	
	전문인력 보유	보유 유무	
	체험프로그램	유무	
	보고서 발간	유무	
	적립금	유무	
	판매품목의 다양성	7점 척도	
요인 2: 안내 및 지원	주차시설	1000명당 주차대수	◎
	개최지 내의 교통수단의 편리성	7점 척도, 운행횟수	◎
	상시청소인력 및 쓰레기 처리	7점 척도	◎
	배치도 및 안내책자	유무	
	종합안내소	유무	
	교통안내시설	유무	
	안내요원 수	1000명당 인원수	
	무료휴게공간	유무	

구 분	평가항목	평가기준	가중치반영
요인 3: 지역참여	지역주민참여	7점 척도	◎
	자원봉사 참여율	7점 척도	◎
	자원봉사 조직구성	유무	
	주민참여조직	유무	
	자원봉사 관리체계	7점 척도	
요인 4: 위기관리	안전사고대책	유무	◎
	화재대책	유무	
	우천시대책	유무	
	교통 혼잡 정도	7점 척도, 대기시간	
요인 5: 홍보	인터넷 홍보	7점 척도	◎
	홈페이지	7점 척도	
	미디어 노출빈도	7점 척도, 빈도수	
	홍보이벤트	유무	
요인 6: 부대시설	화장실시설	화장실의 수, 남녀비율	◎
	응급시설	구급차/요원대기 여부	
	미아보호소	유무	
요인 7: 투명성과 기타 시설	업체선정의 투명성	7점 척도	◎
	야간프로그램	유무	
	장애인 편의시설	유무	
요인 8: 지역경제	지역특산물	유무	◎
	지역상품의 판매 증가	7점 척도	
	지역고용의 증가	7점 척도	
	방문객지출비용	7점 척도	
요인 9: 동선	동선 및 배치	7점 척도	
요인 10: 다양성	메뉴의 다양성	7점 척도	

◎: 가중치 반영항목.

3. 축제평가의 체계

델파이 연구조사의 결과로 인한 종합적인 축제평가체계의 모형은 [그림 4-1]과 같다. 평가의 주체는 외부 전문가, 방문객, 지역주민, 주최자, 대행사, 참여업체 등 여러 가지 축제 관련 집단이 있으나 델파이 조사결과 외부 전문가, 방문객, 지역주민, 주최자의 네 집단으로 이루어지는 다면평가시스템의 필요성이 제시되었다.

또한 집단별 반영비율은 외부 전문가가 25%, 방문객이 35%, 지역주민이 25%, 주최자가 15%로 제시되었다.

평가시기는 사전평가, 실행평가, 사후평가 등의 3가지 시점의 평가시기가 있으나 사전평가를 제외한 실행평가와 사후평가의 2가지 시점이 평가의 시기로 제시되었다.

평가방법은 설문조사, 참여관찰, 데이터 조사, 면접조사, 표적집단조사, 경제적 영향 측정 등 다양한 평가방법이 있으나 설문조사, 참여관찰, 데이터 조사, 경제적 영향 측정, 심층면접조사 등이 평가방법으로 제시되었다.

평가항목은 프로그램, 시설, 운영, 홍보 등 다양한 요인에 따라 많은 항목으로 나타나고 있다.

연구결과, 주제 관련 프로그램, 체험프로그램, 화장실시설, 쓰레기 처리 및 상시청소인력, 미아보호소, 종합불편 신고센터, 미디어 노출빈도, 지역주민의 참여도, 전문인력 보유현황, 음식메뉴의 다양성, 지역특산물, 쇼핑판매 품목의 가격 등으로 나타났다.

또한 숙박시설의 청결, 주차시설, 우천시대책, 축제예산의 재정자립도, 적립금유무, 방문객지출비용, 지역고용의 증가, 축제를 통한 지역이미지 제고, 지역주민의 여가참여기회의 확대, 지역문화수준의 향상 등 총 71개의 항목으로 추출되었다.

평가항목에 따른 기준은 각 항목의 특성에 따라 다양하게 나타나고 있다. 연구결과, 주제 관련 프로그램은 프로그램의 유무, 프로그램 내용의 완성도는 7점 척도, 응급시설은 구급차량, 응급요원 등 응급시설의 유무, 안내요원은 최대 예상 참가자 수를 기준으로 1000명당 안내요원의 수로 나타났다.

또한 개최지역까지 교통수단의 편리성은 각 대중교통수단의 유무, 전년도 평가문제점의 개선 여부는 7점 척도, 지역주민의 참여도는 7점 척도, 우천시대책과 화재대책은 유무, 재정 자립은 전체 예산의 스폰서나 입장수익비율, 축제를 통한 지역이미지 제고는 7점 척도 등의 기준이 제시되었다.

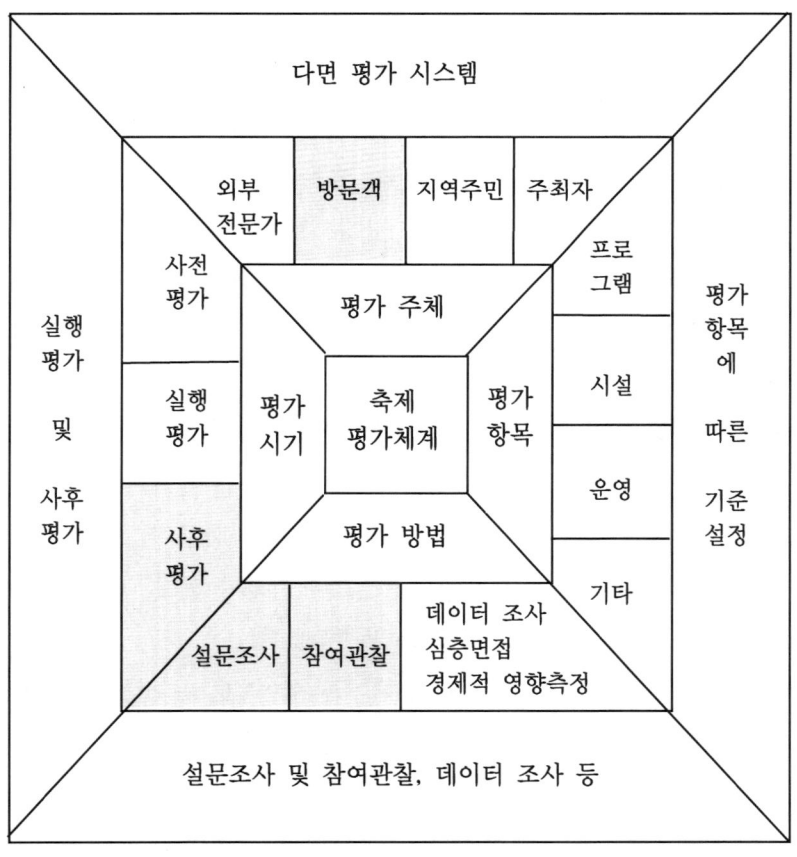

[그림 4-1] 종합적인 축제평가의 체계

제5장 결 론

본 연구는 축제평가체계에 관한 학문적인 접근을 통하여 평가체계의 구성요소를 분석하고 구성요소에 따르는 합리적이고 객관적인 축제평가체계의 방안을 제시하고자 하였다.

이를 위하여 평가체계에 관한 이론적인 연구와 실증적인 연구를 병행하였으며, 이론연구는 축제평가체계의 구성요소인 평가 주체, 평가방법, 평가시기, 평가항목과 기준에 관련된 선행연구를 고찰하였다.

이론연구를 토대로 평가체계에 관한 예측모형을 구성하여 실증적인 연구의 기초로 삼았다.

실증연구는 이론적인 연구를 바탕으로 평가 주체, 평가방법, 평가시기, 평가항목과 기준 등의 평가체계에 관하여 델파이 전문가조사와 각 축제의 이해관련집단(stakeholders)의 설문조사를 실시하였다.

델파이 조사와 델파이 조사를 위한 예비조사는 축제와 관련된 전문가들을 대상으로 하였으며, 각 집단별 설문조사는 직접 축제장에서 축제에 참가하고 나오는 방문객과 지역주민, 그리고 축제를 주관하고 있는 주최자를 대상으로 하였다.

델파이 패널은 학계, 업계, 공무원, 축제 관련 매체관계자를 포함하여 총 61명으로 구성하였으며, 3라운드의 조사를 실시하였다. 각 집단별 설문조사는 2004년 8월 20일부터 9월 22일 사이에 전북 무주의 반딧불축제, 충남 금산의 인삼축제, 강원 평창의 효석문화제

축제장에서 실시하였다.

집단별 설문은 방문객이 197부, 지역주민이 196부, 주최자가 53부 등 총 446부의 설문을 실증분석에 사용하였다. 델파이 조사와 집단별 설문조사의 분석은 SPSS10.0 통계패키지를 사용하였으며, 빈도분석, 요인분석, 신뢰도분석을 사용하여 분석을 실시하였다.

델파이 조사 분석결과, 축제평가체계에는 평가 주체, 평가방법, 평가시기, 평가항목과 기준 등이 주요 구성요소로 나타났다.

평가 주체는 방문객, 외부 전문가, 지역주민, 주최자 등 네 집단이 평가 주체로 나타났으며, 평가 주체의 적합성은 방문객, 외부 전문가, 지역주민, 주최자 순으로 나타났다. 특히 주최자의 적합성은 다른 집단에 비해 낮게 나타나고 있어 외부 전문가, 방문객, 지역주민이 주요 평가 주체 집단이 되어야 하며, 주최자는 보완적인 역할을 하는 평가 주체 집단이 되어야 할 것으로 보인다.

평가방법은 설문조사, 참여관찰, 데이터 조사, 경제적 영향평가, 심층면접 등의 평가방법이 나타났으며, 추출된 평가방법의 적합성은 설문조사와 참여관찰의 방법이 높게 나타났다. 따라서 축제평가의 방법은 설문조사와 참여관찰을 위주로 하며 데이터 조사, 경제적 영향평가, 심층면접 등의 평가방법이 보완적으로 사용되어야 할 것으로 보인다.

평가시기에는 사전평가, 실행평가, 사후평가가 있으며, 평가시기에 관한 적합성의 조사결과, 사전평가는 매우 낮은 수치를 보여 축제평가시기는 실행평가와 사후평가가 적합한 것으로 나타났다.

평가항목과 기준에는 주제관련 프로그램, 쓰레기 처리 등의 행사장청결, 종합불편 신고센터, 홈페이지, 인터넷 홍보, 행사장까지의 교통수단, 전년도 평가문제점 개선, 재정 자립, 비수기 개최 등 총 71개 평가항목이 추출되었으며, 항목에 따른 기준은 관련 프로그램의 유무, 방문객 만족에 관한 부분은 5점 척도, 기타 비수기 개최는 개최 여부, 보험가입은 가입 여부 등으로 나타났다.

또한 평가항목의 중요도에 따른 가중치의 부여는 요인별 상위 30% 이내에서 가중치를 부여하는 것으로 나타났고, 가중치 부여에 따르는 점수반영비율은 일반 항목에 140%의 점수를 부여하는 것으로 나타났다.

집단별 설문조사의 분석결과, 방문객은 42개 평가항목, 9개의 요인으로 분류되었으며, 지역주민은 30개 평가항목, 6개의 요인으로 분류되었다. 주최자는 42개 평가항목 10개의 요인으로 분류되었다.

평가 주체 집단별 평가항목에 따른 중요도의 분석에서 방문객이나 지역주민 등의 참가자는 쓰레기 처리나 화장실시설, 음식 매장 내의 청결 등 공통적으로 청결 부분을 중요하게 생각하고 있는 것으로 나타났다.

또한 방문객은 숙박시설의 청결이나 개최지역까지의 교통수단, 개최지역 내의 교통수단 등의 항목을 중요하게 생각하는 반면에, 지역주민은 지역이미지 제고, 지역특산물, 지역문화의 향상 등의 항목을 중요하게 생각하고 있어 축제평가항목에 대한 서로 다른 시각을 보이고 있다.

프로그램요인에 있어서도 방문객, 지역주민, 외부 전문가 세 집단 모두 참가자의 호응이 중요하다고 보고 있어 주최자의 관점이 아닌 참가자의 관점에서 프로그램의 예술성이나 완성도보다는 참가자의 호응이 중요함을 보여주고 있다.

　이와 같이 축제에 관련된 이해 관련 집단의 축제평가항목을 보는 시각은 유의한 차이를 보이고 있다. 따라서 외부 전문가나 주최자에 의한 일면적인 시각의 축제평가는 바람직하지 않다고 볼 수 있으며, 외부 전문가, 방문객, 지역주민, 주최자의 평가가 종합된 다면평가(Multi-face evaluation)의 필요성이 제기된다고 할 수 있다.

　특히 방문객, 외부 전문가, 지역주민은 참가자의 호응이 매우 중요하다고 보고 있는 데 반하여 주최자의 평가항목은 지역특산물이 제일 중요한 항목으로 나온 것은 시사하는 바가 크다고 할 수 있다.

　축제는 방문객, 지역주민이 함께 어우러지는 공간이며, 방문객과 지역주민의 교류와 화합의 장이 되어야 한다. 방문객을 특산물과 연계시키려는 노력도 중요하지만 방문객은 프로그램 평가항목이나 청결, 종업원의 친절을 더 중요시한다는 것을 주최자는 인식할 필요가 있다.

　또한 축제의 평가가 재정적인 지원의 목적을 지닌 보상의 평가가 되어서는 안 되며, 축제의 개선을 위한 평가가 되어야 한다. 평가를 통한 문제점을 전문가의 자문을 통해 계속해서 보완·개선하여야 평가의 의미가 있다고 할 수 있다.

　본 연구는 합리적이고 객관적인 축제평가체계의 방안을 제시하기 위하여 전문가의 조사와 각 집단별 실증조사를 통하여 실증적이고 객관적인 평가체계를 구성하고자 하였다. 그러나 축제평가체계가 범위가 매우 넓고 평가체계에 관한 선행연구가 많지 않아 각각의 구성요소에 대한 세부적인 접근에는 한계가 있었다. 따라서 본 연구는 정책대안이나 방향이 아닌 방법론적인 학문의 접근으로 의의를 갖고자 하였다.

　또한 본 연구의 축제평가에 대한 접근이 1차적인 전체적인 틀에
관한 접근이었기 때문에 사전평가의 범주에서 연구되고 있는 사회
문화적인 영향과 경제적인 영향에 관한 부분은 구체적으로 다루지
못하였다. 후속연구에서 좀더 세부적인 연구를 기대해본다.

　마지막으로 본 연구는 우리나라의 문화관광축제를 기준으로 중
소형축제를 포함하여 축제평가의 범위를 제한하였다. 하지만 축제
의 형태와 규모가 소규모 축제부터 전시박람회 형태의 대규모 축
제까지 다양하게 나타나기 때문에 문화관광축제가 전체 축제를 대
표하는 한다고 보기에는 어려움이 있다. 문화관광축제도 형태와 내
용에 따라 차이를 보이고 있기 때문에 향후 형태와 규모에 따른
세분화된 연구가 필요할 것으로 여겨진다.

참고문헌

Ⅰ. 국내문헌

1. 강해상, 축제참가자의 방문동기에 관한 연구, 문화관광연구 제5권 제1호, 2003.
2. 고동우, 축제평가에 대한 공급자와 소비자의 관점 비교: '98년 및 '01년 제주 세계섬문화축제의 사례, 한국관광학회 제54차 국제학술논문대회 발표자료집, 2003.
3. 고승익 외, 관광이벤트경영론, 백산출판사, 2003.
4. 김명자, 지역축제의 방향을 위한 시론, 비교민속학회 12권, 1995.
5. 김상태, 시·도 관광진흥평가시스템 개발, 한국관광연구원, 1999.
6. 김선기, 향토자산 활용 지역축제의 마케팅 전략, 한국지방행정연구원, 2003.
7. 김신복, 발전기획론, 박영사, 1983.
8. 김종택, 안면도 관광개발에 관한 연구: 서해안 고속도로 개통과 2002 안면도 꽃 박람회를 중심으로, 경기대학교 박사학위논문, 2002.
9. 김창수, 민속공동체신앙이 체화(體化)된 이벤트 축제상품 개발 방안, 관광정책학연구 제5권 제1호, 1999.
10. 김철원, 관광산업 경쟁력 평가모델 개발, 한국관광연구원, 2000.
11. 김철원·이석호, 문화관광축제 육성방안, 한국관광연구원, 2001.
12. 김향자, 관광지 평가체계 개발 및 운영방안, 한국관광연구원, 2001.
13. 노형진, 한글SPSSWIN에 의한 조사방법 및 통계분석, 형설출판사, 2002.

14. 노형진, SPSS/Amos에 의한 사회조사분석: 범주형 데이터 분석 및 공분산구조분석, 형설출판사, 2002.

15. 류문수, 2002 지역축제에 대한 개괄적 평가, 2002 지역축제 평가 및 활성화방안토론회 자료집, 2002.

16. 류정아 외, 축제와 문화, 연세대학교 출판부, 2003.

17. 문화관광부, 문화관광축제 평가모형 개발, 문화관광부, 2003.

18. 문화체육부, 한국의 지역축제, 문화체육부, 1996.

19. 문화연대, 2002 하반기 축제평가 보고서, 문화개혁을 위한 시민연대, 2002.

20. 문화연대 축제모니터링단, 문화관광부 지정·우수축제 2003 축제평가보고서, 2003.

21. 민철구 외, 출연기관 평가모델 개발연구, 정부기술정책 관리연구소, 1994.

22. 박도순, 질문지작성방법론, 교육과학사, 2004.

23. 박봉규 외 2인, 관광조사방법론, 도서출판 대명, 2003.

24. 박창수, 국제회의산업진흥정책에 관한 연구: 2000 ASEM을 계기로, 경기대학교 대학원 박사학위논문, 1998.

25. 배만규, 지역축제 개최결과의 표준평가속성 개발, 관광연구 제17권 제1호, 2002.

26. 성은희·강해상, 관광이벤트 방문객의 만족요인에 관한 연구, 문화관광연구 제5권 제4호, 2003.

27. 새국어사전, 동아출판사, 2002.

28. 엄서호, 주제공원 서비스 질의 측정척도 개발에 관한 연구, 한국조경학회지 22(1), 1994

29. 울리히 쿤 하인, 심희섭 역, 유럽의 축제, 컬처라인, 2001.

30. 이강욱, 문화관광축제의 영향 및 운영효율화 방안, 한국관광연

구원, 1998.

31. 이광희, 지방자치단체 평가체계 연구, 한국지방행정연구원, 2003.

32. 이경모, 이벤트여행 상품개발에 관한 연구, 경기대학교 대학원 박사학위논문, 1998.

33. 이경모, 이벤트학원론, 백산출판사, 2003.

34. 이경모·강해상, 지역축제사례에 관한 비교연구, 관광경영학연구 제7권 제1호, 2003.

35. 이명현, 객관성에 토대에 관한 성찰, 한국철학학회지, 1996.

36. 이봉석 외, 관광학 연구방법, 대왕사, 2001.

37. 이상희, 다면평가제도의 효과성에 관한 연구, 이화여자대학교 석사학위논문, 2001.

38. 이승수, 새로운 축제의 창조와 전통축제의 변용, 민속원, 2003.

39. 이영주·최승담, 지역축제 모니터링 구성체계와 GIS의 활용방안, 관광학연구 제26권 제3호, 2002.

40. 이장춘, 한국의 복지관광정책개발에 관한 연구, 동국대 대학원 박사학위논문, 1986.

41. 이종성, 델파이 방법, 교육과학사, 2001.

42. 이태희, 축제브랜드경영론, 대왕사, 2003.

43. 이훈, 문화관광축제 평가방법연구, 2002 문화관광축제 평가 및 활성화방안 토론회자료집, 2002.

44. 장병권, 한국 관광정책체계의 발전모형 정립에 관한 연구, 한양대학교 대학원 박사학위논문, 1992.

45. 장순희, 지역활성화를 위한 지역축제의 발전방향: 21세기 지방재정의 과제와 비전, 자주재원의 확충과 지역발전요인의 탐색, 한국행정학회·강원행정학회 2001년도 학술발표논문집, 2001.

46. 전동훈·김창문, 정책론, 형설출판사, 2000.

47. 정석중 외 6인, 관광조사론, 대왕사, 1997.

48. 채서일, 사회과학조사방법론, 학현사, 2002.

49. 하야비콕스, 김천배 역, 바보제, 현대사상사, 1982.

50. 한국관광공사, 국내 민속축제 관광상품화방안, 1990.

51. 한국관광공사, 민속축제기획안내서, 1993.

52. 한국문화정책개발원, 문화기반시설 운영평가모델 개발 및 평가에 관한 연구, 1999.

53. 한국문화정책개발원, 춘천인형극제의 지역경제 사회문화적 효과, 한국문화정책개발원, 1995.

54. 한국문화정책개발원, 향토축제 활성화를 위한 모형개발 연구, 1994.

55. 한국지방행정연구원, 지방자치단체 지역개발사업의 평가체계 및 기법 개발, 1999.

56. 한국행정연구원, 정보통신정책 지표개발에 관한 연구, 1992.

57. 함영덕, 지역축제의 이벤트관광의 영향에 관한 연구, 경기대학교 박사학위논문, 2000.

58. 홍길표, 다면평가의 설계와 결과활용, IBS컨설팅, 2003.

59. 홍두진·이명진, 사회조사분석의 실제, 다산출판사, 2001

Ⅱ. 국외문헌

1. Allen et. al., *Festival & Special Event management*: Second Edition, Wiley, 2002.

2. Anderson, F. E., Evaluating the Very Special Arts Festival Programs Nationwide: An Attempt at Combining Subjective and Quantitative Approaches, *Evaluation and Program Planning*, Vol.14, 1991.

3. Carlsen, Getz, and Soutar, Event Evaluation Research, *Event Managementm* Vol.6, 2001.

4. Chock, H. E. and Schooner, J. D., The Evolution of a Festival: Creole Christmas in New Orleans, The Centre for South Australian Economic Studied, *Tourism Management*, 14(6), 1993.

5. Critcher & Gladstone, Utilizing the Delphi Technique in Policy Discussion, *Public Administration*, Vol.76, 1998.

6. Crompton & Love, The Predictive Validity of Alternative Approaches to Evaluating Quality of a Festival, *Journal of Travel Research*, Summer, 1995.

7. Crompton, J. L. & Mckay, S. L., Measuring the Economic Impact of Festivals and Event: Some Myths, Misapplications and Ethical Dilemmas, *Festival Management & Event Tourism*, 2(1), 1994.

8. Dawson, D., A Critical Analysis of Ethnic and Multicultural Festival, *Journal of Applied Recreation Research*, 1991.

9. Delamere, Development of a Scale Measure Resident Attitudes toward the Social Impacts of Community Festivals, Part Ⅱ: Verification of scale, *Event Management* Vol.7(1), 2001.

10. Derrett, R., Making sense of how festival demonstrate a community's sense of place, *Event Management*, 8(1), 2003.

11. Dorr-Bremme, D. W., Ethnographic Evaluation: A theory & Method, *Educational Evaluation & Policy Analysis* 7(1), 1985.

12. Douglas et. al., *Special Interest Tourism*, John Wiley & Sons Australia, 2001.

13. Falassi, A., *Time out of Time: Essays on the Festival*,

Albuque, University of New Mexico Press, 1987.

14. Faulkner, A Model for the Evaluation National Tourism Destination Marketing Programs, *Journal of Travel Research,* Winter, 1997.

15. Frisby, W. & Getz, D., Festival Management: A case of Study Perspectives, *Journal of Travel Research,* Summer, 1989.

16. Getz, Special Event: Defining the Product, *Tourism Management* 10(2), 1989.

17. Getz, D., *Event Management & Event tourism,* Cognizant Communication Corporation, 1997.

18. Getz, *Festivals, Special Event, and Tourism,* Van Nostrand Reinhold, New York, 1991.

19. Getz, D., Why Festivals Fail, *Event Management* Vol.7, 2003.

20. Gitelson et al, Evaluating the Educational Objects of Short-term Event, *Festival Management & Event Tourism* Vol.3(1), 1995.

21. Goldblatt, *The International Dictionary of Event Management. Second Edition,* Wiley, 2001.

22. Goldblatt, J., *Special Event: Best Practice in Modern Event Management,* John Wiley & Sons, Inc., 1997.

23. Howard Green, Colin Hunter & Bruno Moore, Assessing the Environmental Impact of Tourism Development: Use of the Delphi Technique, *Tourism Management,* 1990.

24. Jefferson, A. and Lickorish, L., *Marketing Tourism,* 2nd edition. Essex, Longman, 1991.

25. Kern, T. J. & Rasmussen, L., Asleep at the Wheel: Case

Study, *Festival & Event Management*, Vol.3, 1995.

26. Kuo, Nae-Wen & Yu, Yue-Hwa, An Evaluation System for National Park Selection in Taiwan, *Journal of Environmental Planning & Management* Vol.42, 1999.

27. Liebar, S. R. & Fesen maier, D. R., *Recreation Planning and Management*, E & F Spon, Ltd, 1983.

28. Mayfield, T. R., & Crompton, J. L., Development of an Instrument for Identifying Community Reasons for Staging Festival, *Journal of Travel Research* Winter, 1995.

29. Mossberg, L. L., *Evaluation of Events*, Cognizant Communication Corporation, 2000.

30. Mount, J. & Leroux, C., Assessing the Effects of a Mega-event: A Retrospective of the Impact of the Olympic Games on the Calgary Business Sector, *Festival Management & Event Tourism*, 2(1), 1994.

31. Mules, T. & Mcdonald, S., The Economic Impact of Special Events: The Use of Forecasts, *Festival Management & Event Tourism*, 2(1), 1994.

32. Richie, J. R. B., Assessing the Impact of Hallmark Events: Conceptual and Research Issues, *Journal of Travel Research*, Summer, 1984.

33. Schuster, J. M., Two urban Festivals: La Merce and First Night, *Planning Practice and Research*, Vol.10 No.2, 1995.

34. Turco, D. M., Measure the Tax Impact of an International Festival, *Festival Management & Event Tourism* Vol.2(3/4), 1995.

35. Uysal, M. & Gitelson, R., Assessment of Economic Impact: Festival and Special Events, *Festival Management& Event Tourism*, Vol.2, 1994

36. Watt, *Event Management in Leisure and Tourism*, Addison Wesley Longman, 1998.

37. Weppler, K. A. & McCarville, R. E., Understanding Organizational Buying Behavior to Secure Sponsorship, *Festival Management & Event Tourism* Vol.2(3/4), 1995.

38. Wicks, B. E. & Fesenmaier, D. R. A comparison of visitor & vendor perceptions of service quality at a special event, *Festival Management & Event Tourism*, Vol.1(1), 1993.

39. Yoon et. al., A Profile of Michigan's Festival and Special Event Tourism Market, *Event Management*, Vol.6, 2000.

40. 日本イベント産業振興協會, イベント白書99, (社)日本イベント産業振興協會, 1999.

부록1 문화관광부 문화관광축제 모형개발 방문객설문지

문화관광축제 평가를 위한 방문객 의견조사

========================

안녕하십니까?

본 조사는 문화관광부에서 지정한 "문화관광축제"의 평가를 위한 조사이며 문화관광부와 지방자치단체에서 공동으로 실시하고 있습니다.

조사결과는 익명으로 처리되며 축제에 대한 귀하의 의견은 보다 성숙한 축제를 만들기 위한 소중한 자료로 사용될 것이며, 본 조사의 정보는 오직 통계적 목적으로만 사용됩니다,

2000.   .   .

> 문화관광부 주관하에 95년부터 시행되고 있는 문화관광축제 관련 다음 질문에 대하여 항목에 ○표 또는 기입해 주십시오.

========================

I. 귀하의 축제참가에 관한 일반적인 질문입니다.

1. 이번을 포함하여 본 축제에 몇 번이나 오셨습니까?(회)

2. 본인을 포함하여 몇 명과 오셨습니까?   (명)

   누구와 함께 오셨습니까? 해당되는 사항에 모두 체크해주십시오

   ① 혼자   ② 친구   ③ 애인   ④ 회사동료

   ⑤ 배우자   ⑥ 자녀   ⑦ 배우자+자녀 ⑧ 기타 (구체적으로:)

II. (공통평가항목) 현재 참가하신 축제에 대해 귀하가 동의하시는 정도에 표시해 주십시오.

내 용	전혀 그렇지 않다	그렇지 않다	약간 그렇지 않다	보통 이다	약간 그렇다	그렇다	매우 그렇다
1. 전체적으로 행사의 짜임새가 좋았다							
2. 주차장, 화장실, 휴게실 등 편의시설에 만족한다. 주차장시설에 만족한다. 화장실시설에 만족한다. 휴게실, 휴식공간/시설에 만족한다.							
3. 축제행사장 진입로의 교통이 편하다. 축제행사장 진입로의 교통이 편리하다. 축제행사장과의 연계교통이 편리하다.							
4. 축제와 관련된 전시·공연프로그램에 만족한다. 축제행사장의 전시공간/시설에 만족한다. 축제행사장의 공연프로그램에 만족한다.							
5. 직접 참여할 수 있는 체험프로그램에 만족한다.							
6. 정보 제공, 안내물 제공, 행사요원의 친절에 만족한다. 축제행사장에서 정보를 쉽게 얻을 수 있었다. 축제행사장에서 안내물의 내용에 만족한다. 행사요원은 친절하였다.							
7. 축제 관련 기념품의 다양성, 고유성, 가격에 만족한다. 축제와 관련된 기념품은 다양하였다. 축제와 관련된 기념품은 이축제의 특성을 잘 나타냈다. 축제와 관련된 기념품의 가격은 적당하였다.							
8. 음식점의 질, 가격, 및 서비스에 만족한다. 행사장 내 음식물의 질은 좋았다. 행사장 내 음식물의 가격은 적당하였다. 행사장 내 음식점 종업원의 서비스는 좋았다.							
9. 주변에 연계된 관광지를 이용했거나 이용할 것이다.							
10. 전반적으로 이번 축제에 만족한다.							

주1) 공통평가항목은 주 항목 또는 부항목을 선택하여 사용할 수 있음.
주2) 부항목을 이용할 때에는 관련 항목에 대해 평균값으로 주 항목의 값을 산출함.

II. (선택평가항목) 현재 참가하신 축제에 대해 귀하가 동의하시는 정도
    에 표시해 주십시오.

내 용	전혀 그렇지 않다	그렇지 않다	약간 그렇지 않다	보통 이다	약간 그렇다	그렇다	매우 그렇다
1. (사회문화적 영향항목) 축제를 통하여 이 지역의 문화를 잘 이해하게 되었다.							
2. (사회문화적 영향항목) 축제에 참가하고 나서 이 지역에 대한 이미지가 좋아졌다.							
3. (사회문화적 영향항목) 축제에 참여함으로써 이 지역의 주민을 이해하고 교류를 하게 되었다.							
4. (사회문화적 영향항목) 축제에 참여하다 보니 지역주민들도 서로 잘 어울리고 도와주는 것 같다.							
5. (사회문화적 영향항목) 축제가 이 지역의 문화환경을 보존하는 데 이바지하는 것 같다.							
6. (사회문화적 영향항목) 축제가 이 지역의 새로운 환경조성에 이바지하는 것 같다.							
7. (환경적 영향항목) 축제가 이 지역의 환경과 잘 어울렸다.							
8. (환경적 영향항목) 축제가 이 지역의 자연환경을 보호하는 데 이바지하는 것 같다.							

주) 지역의 사정에 따라 선택평가항목을 선별하여 사용할 수 있음.

IV. (선택평가항목) 축제참가와 지출에 관한 질문입니다.

1. 축제와 관련하여 이 지역 내에서 얼마 정도의 돈을 쓰셨거나(쓰실)
예정이십니까?

☐ 음료수, 간식 외 잡비:___원 ☐ 축제 관련 기념품(티셔츠 등):___원

☐ 축제관람입장료:___원 ☐ 교통비(주차비, 연료비 포함):___원

☐ 식사비:___원 ☐ 유흥비(술, 노래방, 카페 등):___원

☐ 숙박비:___원 ☐ 기타:___원

V. 인구통계와 관련한 질문입니다.

성 별	① 남자　　　　② 여자		
연 령	① 19~29세　　② 30~39세　　③ 40~49세　　④ 50~59세 ⑤ 60세 이상		
직 업	① 생산직 및 노무직　② 판매직　　　③ 서비스직 ④ 사무직　　　　⑤ 연구기술, 전문직　⑥ 행정관리직 ⑦ 농업, 축산업, 임업, 수산업　　　　⑧ 가정주부 ⑨ 학생　　　　⑩ 기타(　　　)		
학 력	① 중졸 이하　　　② 고졸　　　③ 대학 재학이나 대졸 ④ 대학원졸 이상		
가계소득	① 100만 원 미만　　　　②100만 원 이상−150만 원 미만 ③ 150만 원 이상−200만 원 미만　④200만 원 이상−250만 원 미만 ⑤ 250만 원 이상−300만 원 미만　⑥ 300만 원 이상		
정보원	① TV라디오　　　② 인터넷　　　③ 지하철광고 ④ 거리포스터 · 안내책자　　　⑤ 신문·잡지 ⑥ 주위사람(구전)　⑦ 기타(　구체적으로:　　)		
결혼유무	① 미혼　　② 기혼/자녀 없음　　③ 기혼(자녀 수:　_		
거주지	(　　)시　　(　　)구/군　　(　　)동/읍		

* 축제발전을 위해 한 말씀 해주시기 바랍니다.

---

*설문에 응답해 주셔서 진심으로 감사드립니다. 즐거운 시간 되십시오.

부록2 축제평가항목과 배점사례

구 분	구체적인 평가항목 예시	가중치
프로그램	1. 주제 관련 프로그램은 있는가?	120점
	2. 세분시장 프로그램(가족, 청소년 등)은 있는가?	
	3. 체험프로그램은 있는가?	
	4. 프로그램내용의 완성도는 높은가?	
	5. 참가자의 호응은 높은가?	
	6. 주민참여프로그램은 있는가?	
시 설	7. 화장실(규모, 관리상태)은 어떤가?	50점
	8. 응급시설은 있는가?	
	9. 미아보호소는 있는가?	
	10. 장애인편의시설은 있는가?	
	11. 종합불편신고센터는 있는가?	
안내 및 행사장 관리	12. 동선 및 배치는 잘 되었는가?	120점
	13. 종합안내소는 있는가?	
	14. 안내요원 수(참가자대비)는 적당한지?	
	15. 행사장배치도, 안내책자는 잘 되었는가?	
	16. 쓰레기 처리는 잘 되었는가?	
	17. 쾌적성(행사장수용능력)은 어떤가?	
홍보 및 관광	18. 미디어 노출빈도(매체별)는 많은가?	120점
	19. 사전 홍보이벤트는 있는가?	
	20. 인터넷홍보(메일, 배너)는 잘 되었는가?	
	21. 홈페이지(외국어, 컨텐츠, 커뮤니티)는 잘되었는가?	
	22. 여행사연계 시스템은 있는가?	
	23. 관광연계(교통편 등)는 잘되었는가?	
주민참여 및 인력구성	24. 지역주민의 참여도는 높은가?	120점
	25. 주민참여 조직은 있는가?	
	26. 자원봉사 참여율은 높은가	
	27. 전문인력 보유(이벤트, 관광, 홍보)하고 있는가?	
	28. 자원봉사 관리체계는 잘 되었는가?	
	29. 자원봉사자의 전문성은 있는가?	

구 분	항 목	점 수
음식과 쇼핑	지역특성음식은 있는가?	60점
	음식종업원의 친절한가?	
	매장은 청결한가?	
	주제 관련 상품은 있는가?	
	쇼핑 종업원의 친절한가?	
	지역특산물은 있는가?	
숙박과 교통	숙박시설의 청결한가?	90점
	행사장까지의 접근은 어떠한가?	
	숙박시설의 일일 최대수용인원은 어떤가?	
	주차(최대 참가자 수)는 편안한가?	
	일일 최대 운송량은 어떤가?	
	행사지역까지 교통수단은 편리한가?	
	행사지역 내의 교통수단은 편리한가?	
	교통 혼잡 정도는 어떤가?	
	교통안내시설은 있는가?	
안전대책 및 기록	우천시대책은 있는가?	140점
	화재대책은 있는가?	
	안전사고대책은 있는가?	
	행사보험은 있는가?	
	전년도평가 문제 개선은 어떤가?	
	보고서 발간은 했는가?	
	기록물보존(영상, 사진)은 했는가?	
재정의 투명성 경제적 영향	재정 자립(스폰서비율)은 어떤가?	50점
	참여업체 선정의 투명성은 어떤가?	
	방문객지출비용은 어느 정도인가?	
	지역 상품판매 증가는 어떤가?	
	지역고용의 증가는 어떤가?	
지역문화발전	지역이미지 제고는 어떤가?	60점
	지역주민 여가기회 확대는 어떤가?	
	지역문화 수준의 향상은 어떤가?	
	자치구의 특성반영이 되었는가?	
	지역주민의 호응은 좋은 편인가?	
	지역주민 정서반영이 되었는가?	

강해상   · 약 력 ·

경기대 관광경영과 졸
경기대 관광대학원 관광경영 졸업(관광학석사)
경기대 대학원 이벤트 · 컨벤션 졸업(관광학박사)

동서대학교 관광학부 이벤트 · 컨벤션전공 교수
한국문화예술진흥원 축제평가위원
한국직업능력개발원 민간자격심사위원회 심사위원
부산일보 경제부 자문위원
(전)주식회사 이벤트피아(축제기획 및 국제회의기획업) 대표이사
국내 이벤트전공 1호 박사(A Study on Festival Evaluation System)
광주 지역축제의 평가시스템 개발 등 연구 다수

축제평가체계
다면평가시스템의 도입

· 초판 인쇄   2007년 2월 28일
· 초판 발행   2007년 2월 28일

· 지 은 이   강해상
· 펴 낸 이   채종준
· 펴 낸 곳   한국학술정보㈜
           경기도 파주시 교하읍 문발리 526-2
           파주출판문화정보산업단지
           전화 031) 908-3181(대표) · 팩스 031) 908-3189
           홈페이지 http://www.kstudy.com
           e-mail(출판사업부) publish@kstudy.com
· 등   록   제일산-115호(2000. 6. 19)
· 가   격   15,000원

ISBN 978-89-534-6422-3 93980 (Paper Book)
      978-89-534-6423-0 98980 (e-Book)